建筑工程实务与案例系列丛书

绍兴文理学院重点教材

建筑工程结构检测实务与案例

主　编　姜　屏　王　伟

副主编　王宝忠　李　娜　俞燕飞

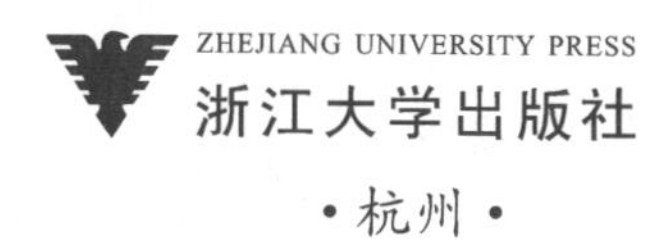

ZHEJIANG UNIVERSITY PRESS

浙江大学出版社

·杭州·

图书在版编目(CIP)数据

建筑工程结构检测实务与案例/姜屏,王伟主编
.—杭州:浙江大学出版社,2024.2
ISBN 978-7-308-24696-5

Ⅰ.①建… Ⅱ.①姜… ②王… Ⅲ.①建筑结构－检测－高等学校－教材 Ⅳ.①TU3

中国国家版本馆 CIP 数据核字(2024)第 043866 号

建筑工程结构检测实务与案例
主　编　姜　屏　王　伟
副主编　王宝忠　李　娜　俞燕飞

责任编辑　王元新
责任校对　阮海潮
封面设计　周　灵
出版发行　浙江大学出版社
(杭州市天目山路 148 号　邮政编码 310007)
(网址:http://www.zjupress.com)
排　　版　杭州星云光电图文制作有限公司
印　　刷　杭州高腾印务有限公司
开　　本　787mm×1092mm　1/16
印　　张　10.25
字　　数　219 千
版 印 次　2024 年 2 月第 1 版　2024 年 2 月第 1 次印刷
书　　号　ISBN 978-7-308-24696-5
定　　价　39.00 元

建筑工程结构检测实务与案例编写人员

主　　编	姜　屏	绍兴文理学院
	王　伟	绍兴文理学院
副主编	王宝忠	杭州远固建筑特种工程有限公司
	李　娜	绍兴文理学院
	俞燕飞	绍兴文理学院
参编人员	方　睿	同创工程设计有限公司
	宋林涛	中厦建设集团有限公司
	张　鹏	苏交科集团股份有限公司
	王龙林	广西交科集团有限公司
	罗　帅	绍兴文理学院
	吴二鲁	绍兴文理学院
	邵晓蓉	绍兴文理学院

前　　言

本教材是为土木工程结构试验与检测实验课程教学而编写的，用于指导学生进行教学实验。

本教材是在多年来指导教学实验和参考其他院校的实验指导书的基础上，进行总结和完善而成，共编写了11个不同内容的实验，其中包括两个虚拟仿真实验，供本科生使用。在编写时，特别注意了以下几点。

1.密切教学实验与理论课程的关系

实验内容配合讲课，有利于加强理论与实际的有机联系。土木工程结构试验与检测实验是建立在建筑材料、工程力学与工程结构等理论课程基础上的一门综合性的专业技术课程，旨在使理论课程中的重要内容和试验技术，通过实验进一步掌握、巩固、扩大和深化。

2.培养学生独立工作和分析问题的能力

实验内容的安排，尽可能地依据循序渐进的原则，由静载试验到动载试验，由机测仪器到电测仪器，由手工操作到自动检测，使学生通过教学实验，不但学会结构试验的规划设计，而且学会实验现象的观察和分析，并能独立写出实验报告。

3.注重基本操作和实验技能的训练

通过教学实验，使学生掌握常用仪器设备的工作原理和主要技术性能。最基本的实验技能将在不同实验中得到反复运用、多次实践的机会。

4.加强实验报告的编写能力

每个实验结束后，由学生对实验数据进行整理分析，并根据实验的目的、要求进行分析讨论，从每个实验结果中得出结论。学生可以参考本教材及实验报告图表，全面正确地编写实验报告，以巩固和强化理论知识。

由于编者水平有限，存在缺点和错误在所难免，欢迎批评指正。

实验注意事项

为达到实验目的、使实验顺利进行、强化实验效果，实验中应注意以下事项。

1.遵守实验室规章制度

(1)安全第一，进入实验室不得穿着露趾凉鞋、背心、短裤或裙子等；未经许可不得进入与教学实验无关的区域；注意用电安全；注意加载过程的安全防护。

(2)不迟到，不早退，保持实验室的安静与整洁。

(3)爱护仪器设备，严格执行仪器设备操作规程。

2.认真做好实验前的预习

(1)预习本教材实验原理相关内容。

(2)预习仪器操作相关内容。

(3)预习实验报告相关内容。

3.认真做好实验工作

(1)认真听取和观看指导老师的讲解和演示，遇到不了解的情况及时提问。

(2)明确分工，团结合作，认真细致地进行实验。

(3)在指导老师的帮助下检查仪器设备、试验装置以及测试系统是否正常，确保安全可靠。

(4)随时注意观察和记录实验过程，发现问题及时处理，并在数据处理阶段考虑其影响。

(5)原始数据应完整、清晰，不得涂改。

(6)同组实验人员应在充分交流记录数据后，分别将数据填写在各自的实验报告本上，并相互校对确认。

(7)实验结束后将仪器设备恢复原状、清理场地，在指导老师许可后方可离开实验室。

4.认真完成实验报告

(1)实验报告要求做到实验数据齐全，图表清晰，分析讨论确切，结论正确。

(2)同组成员可以综合运用所学的知识共同讨论和交流，但不得相互抄袭图表、分析和结论。

(3)注意有效数字的修约。

(4)对实验过程提出修改意见或建议。

目　录

第1章　绪论

1.1　建筑结构试验和检测的重要性

案例 1-1

建筑结构试验和检测技术是研究和发展结构计算理论的重要手段。建筑结构试验涵盖了从确定工程材料的力学性能到由各种材料构成的不同类型的承重结构或构件(梁、板、柱等)的基本性能的计算方法,以及近年来高速发展的大跨、超高、复杂结构体系的计算理论。并且,混凝土结构、钢结构、砖石结构、公路桥梁结构等的设计规范中所采用的计算理论也几乎是根据试验结果直接得出的。近年来,计算机技术的高速发展和广泛应用,不断推动数字模型和虚拟仿真方法的发展。采用数字模型方法对结构进行计算分析,极大地提高了建筑结构设计过程的便捷程度。但由于实际工程的复杂性和结构在整个生命周期中可能遇到的各种风险,试验研究仍是必不可少的。

建筑工程结构发展中面临的各种问题的不断解决,推动了试验检测技术的不断进步。由于社会发展对建筑结构的要求不断提高,出现了超高层建筑、大跨度桥、核反应堆压力容器、海洋石油平台、大型港口设施等各种工程结构物,促使结构试验由过去的单个构件试验向整体结构试验发展。目前,所采用的各种结构的拟静力试验、拟动力试验和振动台试验等已打破了过去静载试验和动载试验的界限,能较准确地模拟各种复杂荷载的作用。传感器技术和测量数据自动采集与分析技术的发展,也促进了试验检测的发展。近几年,随着各种数字化仪器、试验检测软件和系统识别技术的发展,基本实现了对地震和风荷载等产生的结构动力反应的实测和实施结构控制。

显而易见，试验检测技术的发展和各种现代科学技术的运用密切相关，尤其是各种学科交叉发展和渗透所发挥的作用巨大。目前，在大跨度桥梁和超高层建筑的监测过程中综合运用了光纤传感技术、微波通信技术、GPS卫星跟踪监控等多项新技术。此外，在结构非破损检测方面，结构雷达和红外线热成像技术等新技术为结构损伤检测开辟了新的方向。上述技术充分表明，试验检测技术是借助多种学科知识的综合运用而发展起来的，其本身也在逐步成为一门真正的学科，今后会有更深入的发展。同时，对于试验检测需要制订相关的规范和技术标准，以促进土木建筑行业健康长久发展。

1.2 建筑结构试验的任务

案例 1-2

建筑结构试验作为土木工程专业的一门学科，其研究对象是建筑工程的结构物。这门学科的任务是在结构物或试验对象上根据应用科学的组织程序，采用各种仪器设备，通过各种试验技术，在荷载或其他因素作用下，测试与结构工作性能有关的各种参数，从强度、刚度、抗裂性及实际破坏形态来判断结构的实际工作性能，估算结构的承载能力，确定结构满足使用要求的程度，检验和发展结构的计算理论。

1.3 建筑结构试验的目的

根据目的不同，建筑结构试验主要分为生产鉴定性试验和科学研究性试验。

案例 1-3

1.3.1 生产鉴定性试验

生产鉴定性试验以服务生产需求为目的，以工程中的实际建筑物或结构构件为对象，通过试验得出关于实际结构的正确结论，通常用来解决以下问题。

1. 鉴定工程结构的合理性和施工可靠程度

对于一些重要的结构工程，除了在工程结构的设计阶段需要进行大量的试验研究外，在实际工程完成后，还需对实际工程进行综合试验以判定工程结构的可靠程度。

2. 鉴定装配式预制构件的可靠程度

构件厂和现场成批生产的钢筋混凝土预制构件出厂或在现场安装之前，都需要对试件进行抽样检查，通过试验并根据预制构件质量检验和评定标准对预制构件的质量进行评估。

3. 鉴定工程改建和加固后的实际承载能力

建筑物需要扩建、加层和增加使用荷载时，如果仅仅通过理论计算难以得到确切的结论，就需要通过试验确定结构的实际承载力。特别是在建筑物缺少设计资料和设计图纸时，更有必要进行实际载荷试验，为工程改扩建提供实测数据。

4. 鉴定已建结构的剩余使用寿命

目前，很多古建筑的寿命已长达百年，并且我国文物法规定，这些古建筑即使出现老化损坏也不能随意拆除，只能进行加固和保护，并要保持古建筑原貌。这时就需要通过对这类建筑的观察、检测和分析，依靠可靠性鉴定规程评定结构的安全等级，并推测其剩余寿命。

5. 为处理受灾结果和事故处理提供技术依据

当不可抗力因素（如地震、火灾、水灾、泥石流等）造成工程结构出现严重损伤时，必须对建筑物进行详细的检验，了解实际的受损伤程度，通过计算分析提出技术鉴定和处理意见。

1.3.2　科学研究性试验

科学研究性试验是以研究和探索为目的，通过试验研究各种结构，探索更加合理的设计计算方法，为发展新理论、新结构、新材料、新工艺提供实际数据和设计依据。

案例 1-4

1. 验证结构计算理论中的各种假定

在结构设计过程中，常常为了计算过程的方便，对结构计算图或结构关系进行一些具有科学概念的简化和假定。这些简化和假定是否合理，都需要通过试验加以验证。

2. 为新理论、新结构、新材料、新工艺提供依据

随着建造行业的发展，新理论、新结构、新材料、新工艺不断涌现，如轻质高强的新材料、薄壁弯曲的新结构、升板滑模的新工艺等，都离不开科学试验。

3. 为制定设计规范提供依据

为了提出符合我国国情的设计理论、计算公式、试验方法和标准以及可靠性鉴定分级标准，需要通过试验对基本构件的力学性能进行分析。特别是一些新型结构、复杂性结构，更需要进行大量试验，以得出严谨的规范。

第 2 章　结构试验与检测试验理论基础

2.1　建筑结构静力试验

案例 2-1

案例 2-2

为了确定工程结构在静力荷载作用下的强度、刚度和稳定性，可通过对试验结构或构件直接施加荷载，进行数据采集与分析，从而掌握结构的力学性能。目前，在大量的结构检测中，大多数都为静载检测。建筑结构静力试验是确定结构强度、刚度和稳定性的唯一方法。

静力试验主要是通过在建筑结构上施加与设计荷载或使用荷载相当的荷载，利用检测仪器测试结构的控制部位与截面在荷载作用下的挠度、应力、裂缝等特性的变化，并将测试结果与有关规范中的值进行比较，从而对建筑结构的承载能力进行评定。

静力试验过程主要包括以下几个环节：

(1)试验前的准备工作；

(2)试验方案的设计；

(3)测点的设置；

(4)试验过程中的加载控制与安全措施；

(5)试验结果分析与评定；

(6)试验报告编写。

试验过程中的加载与观测是整个试验的中心环节。这一环节是在完成各项准备工作的基础上，按照设定的试验方案与试验程序，采用合适的加载设备，并利用各种测试仪器，对结构加载后的挠度、应力应变、裂缝等进行观测记录。在这一环节结束后，利用各类数据处理软件对原始数据进行分析。

2.2　建筑结构动力试验

各类工程结构，除了承受静力荷载作用外，常常还受到各种动荷载作用。为了掌握结构在各类动荷载作用下的工作性能和动力反应，需要进行结构动力试验。

案例 2-3

在土木工程研究中，常见的动力问题主要有以下5类。

(1)工程结构的抗震问题。

(2)工业厂房生产过程中的振动问题。在设计和建造工业厂房时需要考虑生产过程中产生的振动对厂房造成的影响。

案例 2-4

(3)桥梁使用过程中的振动问题。在进行桥梁设计时，需要考虑车辆行驶对桥梁的振动作用、风雨使斜拉桥的斜拉索产生的雨振和索塔产生的振动。

(4)高层建筑与高耸构筑物在设计时需考虑风荷载引起的振动问题。

(5)国防建设中需考虑抵抗瞬时冲击荷载的能力。

结构的动力试验可分为结构动力特性测试(如自振周期、阻尼系数、振型等)、震源识别、结构动荷载特性测定、结构动力反应测试四个部分的内容。工程结构的动态内力是十分复杂的，它不仅与动荷载的性质、数量、大小、作用方式、变化规律及结构本身的动力特性有关，还与结构的组成形式、材料性质等密切相关。因此，借助试验实测来确定工程结构的动力特性是十分必要的。

2.3 建筑结构抗震试验

案例 2-5

地震是地球内部应力释放的一种自然现象,也是常见的自然灾害之一。结构抗震试验的目的是验证抗震设计方法、计算理论和力学模型的正确性,通过试验观测和分析结构或模型的破坏机理和震害原因,评价试验结构或模型的抗震能力。

结构抗震试验的难度与复杂性较结构静力试验大很多。常见的抗震试验包括拟地震静力试验、拟动力试验、模拟地震振动台试验和人工地震试验。

案例 2-6

拟地震静力试验是对结构或结构构件施加低周往复荷载静力试验,使结构或结构构件在正反两个方向重复加载和卸载的过程,用以模拟地震时结构在往复振动中的受力特点和变形特点。

拟动力试验是将结构对地震的实际反应所产生的惯性力作为荷载施加在试验结构上,使结构所产生的非线性力学特征与结构在实际地震作用下所经历的真实过程完全一致。该试验可以真实地模拟结构在地震下的动力响应,慢速再现结构在地震作用下弹性—弹塑性—倒塌的全过程反应。

模拟地震振动台试验是通过振动台对结构输入正弦波或地震波,再现结构反应和地震震害发生的过程,观测试验结构在相应阶段的力学性能,进行随机振动分析,对地震破坏作用进行深入的研究。

人工地震试验是针对各类型的大型结构、管道、桥梁、坝体及核反应堆工程等进行的大比例或足尺寸模型试验,如地面或地下爆炸法。

2.4 建筑结构试验检测技术

案例 2-7

建筑结构的检测可分为建筑结构工程质量的检测和既有建筑结构性能的检测。建筑结构的检测应根据《建筑结构检测技术标准》(GB/T 50344—2019)的要求,合理确定检测项目和检测方案,提供真实、可靠、有效的检测数据和检测结论。

钢筋混凝土结构的检测分为原材料性能、混凝土强度、混凝土构件外观质量与缺陷、尺寸与偏差、变形与损伤和钢筋配置等多项检测工作。混凝土抗压强度可采用回弹法、超声法、超声回弹综合法、钻芯法等检测。混凝土的浅裂缝检测可采用单向平测法和双面斜测法，深裂缝检测可采用钻孔探测法。

案例 2-8

砌体结构检测可分为砌筑块材、砌筑砂浆、砌筑强度、砌筑质量与构造、变形与损伤等检测项目。砌筑强度可采用取样法或现场原位法检测。砌筑质量检测可分为砌筑方法、灰缝质量和砌体偏差等检测项目。砌筑构造检测可分为砌筑构件的高厚比、梁垫预制构件的搁置长度、圈梁等检测项目。砌体结构的变形与损伤检测可分为裂缝倾斜、基础不均匀沉降、环境侵蚀损伤、灾害损伤以及人为损伤等检测项目。

案例 2-9

案例 2-10

第3章　信号采集、分析和数字成像基础

3.1　信号采集与分析

案例 3-1

信号是信息的载体，是信息的物理表现形式。根据载体的不同，信息的表现形式有电、磁、机械、热、声、光等，如无线电信号是靠电磁波传送的。

信号采集与分析是电子和通信领域的核心部分，主要涉及从各种源头（如声音、图像、电磁波等）获取信号，并通过传感器将这些物理量转换为电信号。

传感器是数据采集系统中至关重要的部分，它将实际现象（如温度、压力）转换为可测量的电流和电压。例如，麦克风将声压转换为电容，然后再转换成电压。应变计量仪用于测量材料因施加的力而产生的形变，而压力传感器则用于测量结构表面单位面积被施加的力。这些传感器可以输出与它们检测的物理量成比例的电信号。表 3-1 为几种传感器类型。

表 3-1　常见的传感器类型

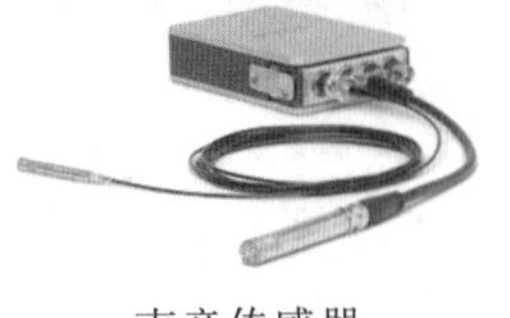 声音传感器	声波是由空气压力变化产生的。如麦克风将声压转换为电容，然后再转换为电压。

续表

 应变计量仪	应变计量仪用于测量由于施加的力而导致的材料变形。应变片的电阻会随着材料的小弯曲和拉力而变化
 温度传感器	热电偶产生与温度相关的微小电压变化，而电阻温度传感器则产生与温度相关的电阻变化

案例 3-2

现代数据采集系统不仅能采集模拟输入信号，如电压和温度，还能采集数字输入信号，如来自编码器、RPM（Reserrior Performance Monitor，储层动态监测仪）传感器的数据。数字信号采集需要较高的采样速率。此外，高速信号采集（定义为至少 100Mbps）主要应用于军工、航天、天文和通信领域。高速采集的成本较高，技术难度大，涉及电源质量、信号完整性和电磁兼容性等方面。

在信号分析方面，时域分析关注信号随时间的变化，而频域分析则通过傅里叶变换等方法研究信号的频率成分。数字信号处理（Digital Signal Process，DSP）是一种使用数字计算方法来分析和修改信号的技术。DSP 技术包括数字滤波器设计（低通、高通、带通滤波器）、信号压缩、噪声抑制和自动增益控制等。这些技术使得在保留重要信息的同时减少存储和传输所需的数据量成为可能。数字信号处理有许多显著的优点，使其广泛应用于通信系统、音频处理、图像处理和生物医学信号处理等领域。以下是其主要的优点。

案例 3-3

（1）高精度和稳定性：数字信号不受电路参数变化和温度变化的影响，因此能够提供很高的精确度和稳定性。

（2）灵活性：数字信号处理可以通过改变软件程序来轻松修改和升级，而不需要更改硬件，这提供了极高的灵活性。

（3）重复性和一致性：数字信号处理可以在不同时间和地点重复同样的操作，并得到一致的结果。

（4）可编程性：数字信号处理器（DSP 芯片）可编程性强，可以用于多种不同的应用。

（5）复杂处理能力：数字信号处理可以执行模拟方法难以实现的复杂算法和运算，如快速傅里叶变换（FFT）。

（6）噪声和干扰的抑制：数字信号在传输和处理过程中对噪声和干扰的抵抗力强，尤其在长距离传输中表现突出。

（7）多功能和多任务处理：数字信号处理器可以同时处理多种任务，如滤波、编码、解码等。

(8)成本效益:随着技术的进步,数字信号处理的硬件成本逐渐降低,且由于其具有高效性,长期而言可能更具成本效益。

(9)存储和传输优势:数字信号更易于存储和传输,且易于与现代数字存储和通信系统兼容。

(10)安全性和隐私保护:数字信号可以通过加密等方式更有效地保护信息安全和隐私。

总的来说,数字信号处理之所以在许多现代电子系统和通信领域中得到广泛应用,是因为它具备高精度、灵活性、稳定性以及对噪声和干扰的有效抑制等多种优势。

与数字信号处理相关的学科领域非常广泛,用到的数学工具有高等数学、复变函数、积分变换、线性代数、随机过程等;其理论基础有信号与系统、神经网络等;其实现涉及计算机技术、DPS 技术、微电子技术、程序设计等。

3.2 数字成像

案例 3-4

数字成像技术是利用数字工具和方法捕捉、处理、储存和展示图像的科学。它涉及将光或其他类型的信号转换为数字数据,然后对这些数据进行处理。这些技术不局限于处理传统的照片和视频,还包括 3D 成像、高光谱成像、热成像等。数字成像技术的关键优势在于高度的灵活性、精确度和易于处理和分享的能力。这项技术广泛应用于医疗、科学研究、工业检测、农业、安全监控以及娱乐等多个领域。

在数字成像领域,ISP(image signal processor)通常指的是"图像信号处理器"。它是一种专门的硬件或软件,用于处理从数字摄像机、扫描仪等设备捕获的原始图像数据。ISP 的主要功能包括调整颜色平衡、控制对比度、降噪、锐化以及进行其他增强处理,以改善图像质量。ISP 对于将原始图像数据转换为更清晰、更适合查看和分析的最终图像至关重要。

在图像信号处理器的功能中,DRC(dynamic range compression)指的是动态范围压缩。DRC 的目的是优化图像中的亮度范围,使得在高对比度环境下拍摄的图像(如明亮的天空和阴暗的景物同时出现在一张照片中)中的细节更加清晰。它通过调整图像中最亮和最暗部分的亮度来平衡整个图像的对比度,确保所有细节都能清晰可见。这种技术在光线条件不理想的环境下尤为重要,可以大幅提升图像质量。

DRC 技术在摄影、医疗成像、安全监控、汽车摄像头和航空摄影等领域中应用广泛。在土木工程领域，土木结构多维度变性测试系统便应用到了 DRC 技术，其通过调整图像的亮度范围，捕捉建筑物和土地表面的细节，特别是在不同光线条件下。这可以提高工程师对工程项目的视觉检查和分析的准确性，有助于及早发现问题并采取必要的措施，以确保工程的质量和安全。

案例 3-5

图 3-4　DRC 技术应用领域

3D 数字图像相关技术（3 dimensional-digital image correlation，3D-DIC）不是传统意义上的图像信号处理技术，但它却与图像信号处理相关。3D-DIC 是一种光测实验力学中的新型测试技术，它利用数字图像处理技术来进行非接触和全场性的测量。这项技术通过捕获一系列物体的图像，并以数字信号的形式保存，然后根据详细算法对这些图像进行分析处理，最终获得物体的三维视野形貌、位移和应变数据。这种方法与多相机同步采集系统相结合，形成基于多相机的 3D-DIC 系统，能够在高温环境下测量物体的变形，并且在 Simcenter 平台下，将 3D-DIC 技术与结构动力学测试功能无缝集成，可提供极其精确和具有超高分辨率的全场试验表征、高精度的材料力学性能识别以及定量可靠的仿真数字模型验证。

土木桥梁工程材料在受力变形到一定程度时会发生裂纹和断裂，这种在外载作用下发生的材料变形与断裂的现象，对于探究工程结构的牢固性和耐久性是至关重要的。在材料与结构测试领域，数字图像相关（digital image correlation，DIC）技术以其亚像素级别测试精度、可远距多点非接触测试、设备简单、操作简便等特点，在材料与结构形变测试中受到较多关注。

案例 3-6

对于土木工程结构的测试多为变形测试。利用数字图像相关技术可以直接测量材料和结构表面的变形情况。通过测量材料和结构表面的位移场、应变场等基础数据，利用先进的 DIC 分析软件可快速全面检测裂纹萌生位置、尺寸、扩展速度以及弹塑性阶段的动态变化等。DIC 技术为材料强度和性能的研究者提供了一种方便可靠的工具。其在土木工程领域的主要应用方向如图 3-5 所示。

DIC技术在土木工程行业主要应用方向

土木材料力学分析　　结构分析和位移动态测量　　相似材料表态变形

图 3-5　DIC 技术在土木工程领域的应用

3.3　课后思考

1. 请列举 5 种用于建筑工程结构检测的传感器，并介绍其工作原理和信号采集类型。

2. 请列举 3 种数据处理和信号分析的算法，并介绍其基本原理和适用范围。

3. 人工智能和物联网技术是否可以应用于信号采集分析，如果可行，请查找案例；如果不行，请说明理由。

4. 你认为 DIC 技术可以采集哪些类型信号，它存在哪些优缺点？

第4章　工字钢简支梁单调加载静力试验

4.1　试验目的

(1)通过简支钢梁的非破坏试验,进一步学习常用仪器仪表的选用原则和使用方法。

(2)掌握结构试验的步骤和方法。

(3)掌握试验量测数据的整理、分析和表达方法。

4.2　试件、试验设备及仪器

(1)试件:工字钢 I28(b)×1200。

(2)静态应变测试系统、电脑,如图 4-1 所示。

(3)应变片 D、导线等。

(4)位移传感器(百分表)C_1、C_2、C_3,如图 4-2 所示。

(5)千斤顶、测力传感器等。

案例 4-1

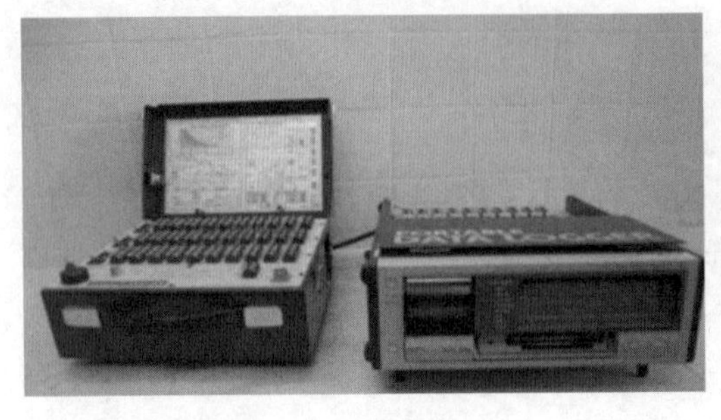
图 4-1　静态应变仪

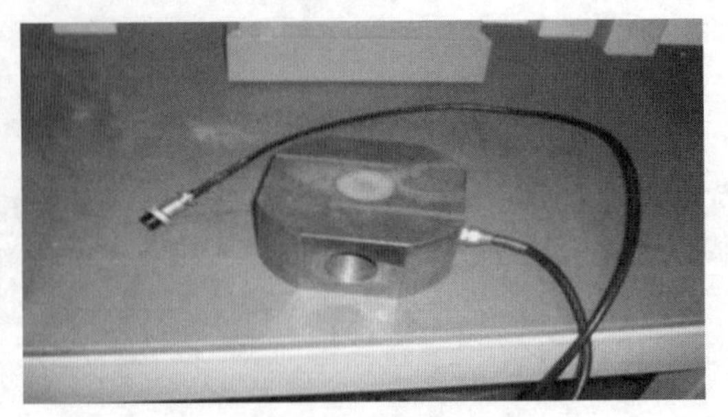
图 4-2　位移传感器

4.3　试验步骤

4.3.1　试验前准备

案例 4-2

(1)标定:对应变仪、测力仪、传感器等仪器进行标定。

(2)在反力架上安装工字钢梁、千斤顶及测力传感器。

(3)按试验方案粘贴应变片及温度补偿片,然后焊接导线到应变仪上。

(4)在梁的 $L/2$、$L/4$ 和支点截面处安装 5 个百分表,并调好指针读数。

(5)仪器和设备调试、检查、测试。

(6)根据工字钢梁截面、材料、跨径及试验规程确定本次试验最大加载。

4.3.2　正式加载试验

案例 4-3

(1)打开应变仪、测力仪开关,设置相关参数并进行预热。

(2)设置仪器通道数,检验绝缘性、灵敏度、断线和输出等各类型参数。

(3)按最大荷载的 20%进行预加载,检查仪器和装置是否正常。

(4)分 5 级进行正式试验,每级加载 2kN,记录应变和变形,加载到最大加载后一次性回油卸载。

(5)检验试验数据,发现异常数据要检查原因,必要时须重新进行试验。

(6)试验完毕,清理现场,存放好仪器。

4.4　试验内容

案例 4-4

工字钢试件长度为 1200mm，材料为 Q235 普通碳素结构钢，其弹性模量为 206GPa，泊松比为 0.24～0.28，简支、测点布置如图 4-3 所示。

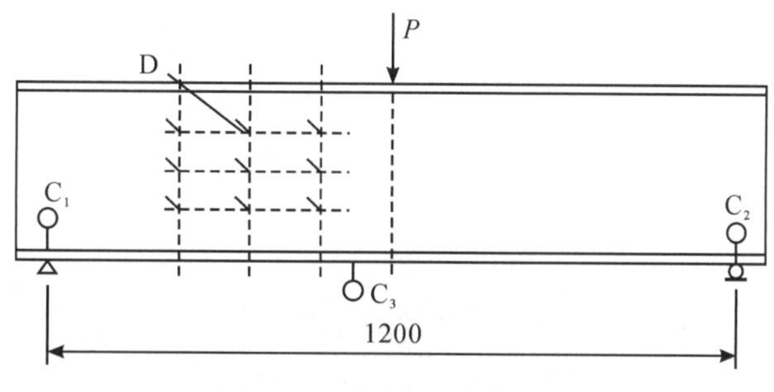

图 4-3　简支、测点布置

对简支钢梁进行加载试验，荷载控制在使试件产生最大应变 0.5～0.75mm 为宜，可用工字钢惯性矩算出，也可在预加载时通过试验得出。

经过预加载后，即可做正式试验。正式试验分三级加载后，可分 2 级卸载，空载静停。正式试验反复做 3 次。

4.5　试验结果的整理与分析、检测报告

案例 4-5

(1)整理分析试验数据，作出荷载—挠度曲线。

(2)计算各点主应力及方向。计算公式参考：

$$\sigma_x=E\varepsilon_x;\sigma_y=E\varepsilon_y;\sigma_{45^\circ}=E\varepsilon_{45^\circ};\tau_{xy}=\frac{\sigma_x+\sigma_y}{2}-\sigma_{45^\circ};\tan2\alpha_0=-\frac{2\tau_{xy}}{\sigma_x-\sigma_y};$$

$$\sigma_{\max}=\frac{\sigma_x+\sigma_y}{2}+\sqrt{\left(\frac{\sigma_x-\sigma_y}{2}\right)^2+\tau_{xy}^2}$$

4.6　自评、体会、建议

给出完成本试验后的自我评价、收获、体会、意见和建议。

案例 4-6

4.7　课后思考

1. 本次试验您有什么收获？得到了什么启发？
2. 本次试验是否还有可改进的地方？有哪些措施可以改进？
3. 静力加载和动力加载有什么不同？
4. 进行静力加载时哪些操作对试验结果影响较大？

试验记录表

试验原始记录纸

试验项目名称：工字钢简支梁单调加载静力试验　　试验日期：________

试验操作者：________　测读者：________　数据记录者：________

（1）试验加载制度。

加载次数	荷载	应变									位置
		上 1	上 2	上 3	中 1	中 2	中 3	下 1	下 2	下 3	
1	第 1 级										水平
											斜向
											竖直
	第 2 级										水平
											斜向
											竖直
	第 3 级										水平
											斜向
											竖直
2	第 1 级										水平
											斜向
											竖直
	第 2 级										水平
											斜向
											竖直
	第 3 级										水平
											斜向
											竖直
3	第 1 级										水平
											斜向
											竖直
	第 2 级										水平
											斜向
											竖直
	第 3 级										水平
											斜向
											竖直

（2）计算各点主应力及方向。

第5章　钢筋混凝土简支梁试验

5.1　试验目的

(1)观测钢筋混凝土简支梁的整个破坏过程,确定开裂荷载、屈服荷载、极限荷载。

(2)作弯矩—挠度曲线,对比理论与实测结果。

(3)观测并绘制梁的裂缝开展,评定梁的破坏形态和特征。

(4)验证混凝土梁截面应力的平截面假定。

案例 5-1

5.2　试件、试验设备和仪器

(1)试件为一普通钢筋混凝土简支梁,截面尺寸及配筋如图 5-1 所示。混凝土标号:C20;配筋:HRB235 钢筋,2ϕ8

案例 5-2

(2)加荷设备:电动油泵、千斤顶。

(3)静态电阻应变仪。

(4)百分表、表架。

(5)电子秤及压力传感器。

(6)刻度放大镜、钢卷尺及其他工具等。

案例 5-3

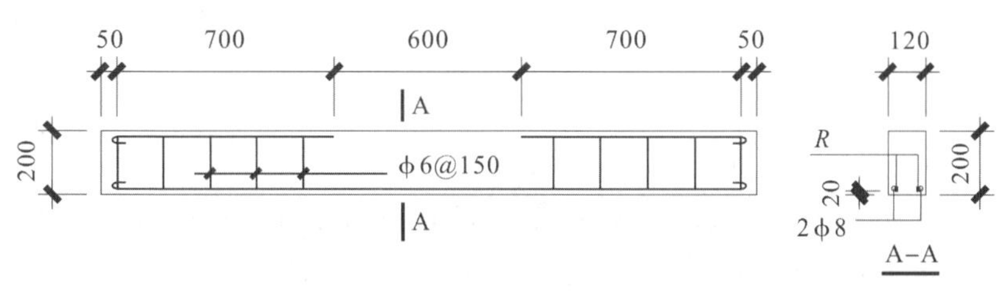

图 5-1　预制钢筋混凝土简支梁截面及配筋图(mm)

5.3　试验原理

为研究钢筋混凝土梁的工作性能,需要测定其强度安全度、抗裂度及各级荷载下的挠度和裂缝开展情况,还需要测量控制区段的应变大小和变化规律,找出刚度随外荷变化的规律。

梁的试验荷载一般较大,多点加载常采用同步液压加载方法。构件试验荷载的布置应符合设计的规定,当不相符时,应采用等效荷载的原则进行代换,使构件在试验荷载下产生的内力图与设计的内力图相近似,并使两者在最大受力部位的内力值相等。

试验梁一般采用分级加载,在标准荷载以前分 5 级。作用在试件上的试验设备的重量及试件自重等,应作为第一级荷载的一部分。

案例 5-4

裂缝的发生和发展用眼睛观察,裂缝宽度用刻度放大镜测量,在标准荷载下的最大裂缝宽度测量应包括正截面裂缝和斜截面裂缝。正截面裂缝宽度应取受拉钢筋处的最大裂缝宽度(包括底面和侧面);测量斜裂缝时,应取斜裂缝最大处测量。每级荷载下的裂缝发展情况应随着试验的进行在构件上绘出,并注明荷载级别和相应的裂缝宽度值。

为准确测定开裂荷载值,试验过程中应注意观察第一条裂缝的出现。在此之前应把荷载级取为标准荷载 P_b 的 5%。

当试件接近破坏时,注意观察试件的破坏特征并确定破坏荷载值。依据《预制混凝土构件质量检验评定标准》(GB J321—90)的规定,当发现下列情况之一时,即认为该构件已经达到破坏,并以此时的荷载作为试件的破坏荷载值。

案例 5-5

(1)正截面强度破坏。

①受压区混凝土破损。

②纵向受拉钢筋被拉断。

③纵向受拉钢筋达到或超过屈服强度后致使构件挠度达到跨度的 1/50；构件纵向受拉钢筋处的最大裂缝宽度达到 1.5mm。

(2)斜截面强度破坏。

案例 5-6

①受压区混凝土剪压或斜拉破坏。

②箍筋达到或超过屈服强度后致使斜裂缝宽度达到 1.5mm。

③混凝土斜压破坏。

(3)受力筋在端部滑脱或其他锚固破坏。

确定试件的实际发裂荷载和破坏荷载时，应包括试件自重和作用在试件上的垫板、分配梁等加荷设备重量。

5.4 试验方案

本试验的具体方案与步骤如下。

试验方案和测点布置如图 5-2 所示。两点加荷，纯弯区段混凝土表面设置电阻应变片测点，每侧 4 个点——压区顶面 1 点，受拉钢筋处 1 点，中间两点按外密内疏布置。另外，梁内受拉主筋上布置电阻应变片两点。挠度测点 5 个——跨中 1 点，分配梁加载点对应处各 1 点，支座沉降测点 2 点。

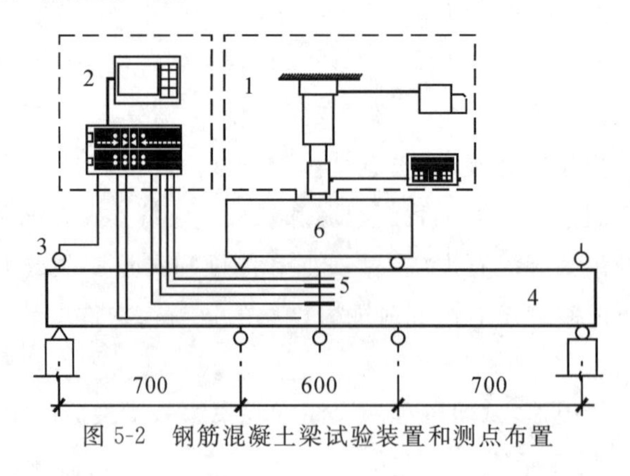

图 5-2　钢筋混凝土梁试验装置和测点布置

1—加载系统(千斤顶、油泵、力传感器)；2—数据采集系统(平衡箱、静态电阻应变仪；3—位移计(或百分表)；4—试件；5—电阻应变片；6—分配梁

(1)按标准荷载 P_b 的 20%分级算出加载值。

案例 5-7

(2)按“电阻应变片粘贴技术”要求贴好应变片，做好防潮防水处理，引出导线，装好挠度计或百分表。

(3)进行 1～2 级预载试验测取读数，观察试件、装置和仪表工作是否正常并及时排除发现的问题。

(4)开始正式试验。

案例 5-8

利用液压同步加载系统，分 5 级加载，每级加载后约 5 分钟，进行全部仪表读数；读数前必须检查一次荷载值是否正确，并保持恒定。

(5)试验结果分析。

①比较实测的开裂荷载 P_f^s(破坏荷载 P_p^s)与计算值 $P_f(P_p)$，裂缝开度(见图 5-3)，并分析误差原因。

②将实测得到的 M-f 曲线与理论值进行比较，并分析其误差原因。

③对梁的破坏形态和特征作出评定。

④验证混凝土梁截面应力的平截面假定。

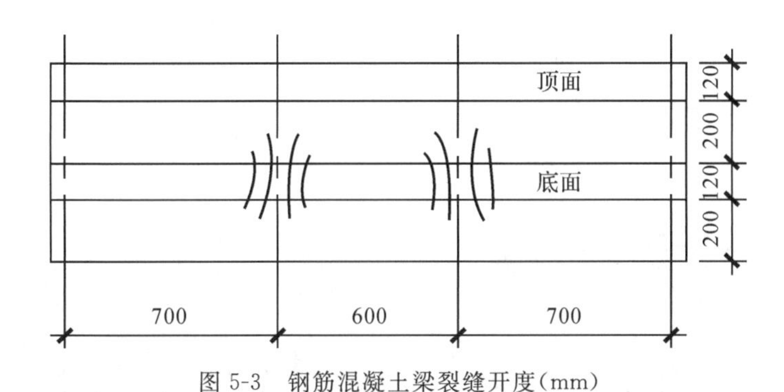

图 5-3　钢筋混凝土梁裂缝开度(mm)

5.5　试验步骤

试验为半开放式。试验前，学生应仔细阅读试验指导书，设计好试验过程，在指导教师解答提问、讲明注意事项之后，由学生自己提出具体实施方案，经指导教师同意后，分组(每组不多于 5 人)自行操作试验。教师给出试验所需的仪器设备并实时指导。具体试验步骤如下：

(1)考察试验场地及仪器设备，听试验介绍并写出试验方案与试验方法；进入实验室进行试验，试验后写出试验报告。

案例 5-9

(2)试件安装及试验装置检查。

①安装支座、试件。要求位置准确、稳定、无偏斜。

②贴电阻应变片(程序为：构件表面磨平处理→表面清洗→贴应变片)，要求位置准确，粘贴牢固、无气泡等。

③安装百分表。要求垂直、对准。

④安装分配梁。分配梁安装于梁跨的三分点处。要求位置准确、稳定、无偏斜。

⑤安装手动油压千斤顶和压力传感器。连接传感器和测力仪。要求位置准确、稳定、无偏斜。

⑥检查试验装置是否稳定、是否偏斜及位置是否准确，仪表是否正常工作。

(3)测量梁的实际跨度、截面尺寸、加载点位置等。

(4)预加载试验(按破坏荷载的20%考虑)。按1～3级预加载，测读数据，观察试件、装置和仪表工作是否正常并及时排除故障。预载值必须小于构件的开裂荷载值。然后卸预载。

(5)仪表调零或读仪表初值并记录。画记录图、表，做好记录准备。

本次试验加载制度：分级加载，混凝土开裂前，每级加载2kN，开裂后，每级加载4kN，纵向钢筋受力屈服后，每级加载2kN。满载后分2级卸载。加卸载每级停歇时间为5分钟，并在前后两次加载的中间时间内读数并记录，数据填入记录表内。

5.6 钢筋混凝土简支梁试验注意事项

钢筋混凝土简支梁试验是一项十分严肃和重要的工作，同时也是试件尺寸和加荷吨位都较大的工作。每一位参加试验者都必须认真严肃，专心致志，遵守实验室守则，安全第一，预防为主。在每级加荷载过程中，试验者应远离试件至安全范围内，当本级荷载加完稳定下来后，才能走近试件附近观察裂缝，记录数据。

(1)进行破坏试验时，应根据预先估计的可能破坏情况做好安全防范措施，以防造成损坏仪器设备和人员伤亡事故。

案例5-10

(2)随着试验的进行，应注意仪表及加荷载装置的工作情况，细致观察裂缝的发生、发展和构件的破坏形态。裂缝的发生和发展用眼睛观察，裂缝宽度用刻度放大镜测量，在标准荷载下的最大裂缝宽度测量应包括正截面裂缝和斜截面裂缝。正截面裂缝宽度应取受拉钢筋处的最大裂缝宽度；测量斜载面裂缝时，应取斜裂缝最大处测量。每级荷载下的裂缝发展情况应随试验的进行在构件上绘出，并注明荷载级别和裂缝宽度值。

当试件进行到快破坏时，注意观察试件的破坏特征并确定其破坏荷载值。规定：当发现下列情况之一时，即认为该构件已经达破坏。依据《预制混凝土构件质量检验评定标准》(GB J321—90)确定试件的破坏荷载值。

案例 5-11

(1)正截面强度破坏

①受压混凝土破损。

②纵向受拉钢筋被拉断。

③纵向受拉钢筋达到或超过屈服强度后致使构件挠度达到跨度的 1/50,或构件纵向受拉钢筋处的最大裂缝宽度达到 1.5mm。

(2)斜截面强度破坏

①受压区混凝土剪压或斜拉破坏。

②箍筋达到或超过屈服强度后致使斜裂缝宽度达到 1.5mm。

③混凝土斜压破坏。

(3)受力筋在端部滑脱或其他锚固破坏。

5.7　自评、体会、建议

给出完成本试验后的自我评价、收获、体会、意见和建议。

5.8　课后思考

1.试验梁纯弯段内截面的平均应变在裂缝出现前后是否基本符合截面假定?为什么?

2.在试验中,试验梁的裂缝间距和裂缝宽度是如何量测的?应选择试验梁的什么部位进行量测?

3.在整理试验数据时,所采用的材料强度值与规范规定的强度值是否相同?为什么?

4.分析本次试验中测定试验梁截面平均应变的过程,讨论运用这种方法测定试验梁截面平均应变时可能影响测量结果的主要因素。

5.根据试验结果判别该梁属于何种破坏形式(适筋、超筋、少筋)?并分析该梁的理论破坏形式。

6.该试验给您的体会是什么?您有什么建议?

试验原始记录纸

试验记录表

试验项目名称：钢筋混凝土简支梁试验　　试验日期：________

试验操作者：________　测读者：________　数据记录者：________

1. 请在下图给仪器编号

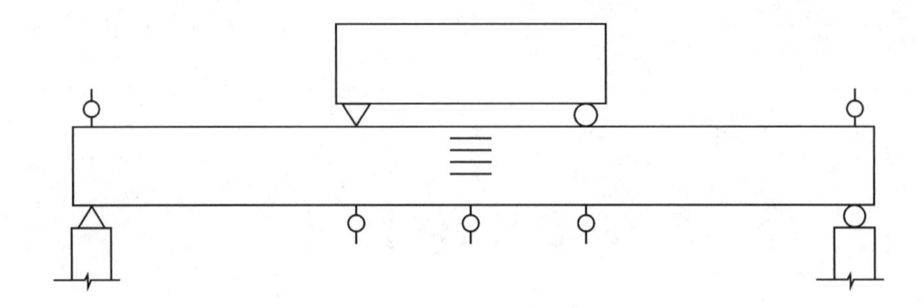

2. 绘制裂缝分布形态图

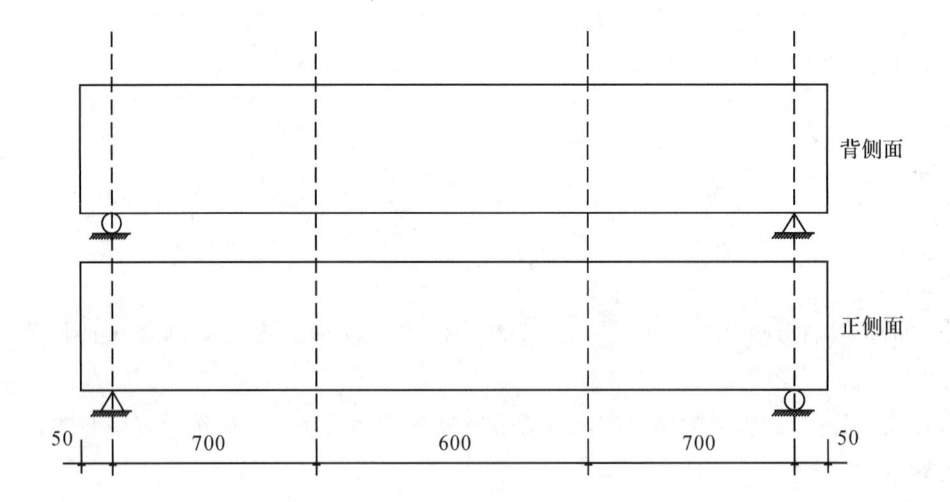

3. 依据控制截面实测应变值绘制各级荷载时的正截面应变图。

$-\varepsilon$

					1				
					2				
					3				
					4				
					5～6				

$+\varepsilon$

4. 根据试验梁材料的实测强度及几何尺寸，计算开裂荷载、正截面承载力的理论值，并与梁的开裂荷载及正截面承载力实测值进行比较，计算出实测值与理论值的符合程度，即$\dfrac{\text{实测值}}{\text{理论值}}=?$

5. 梁破坏特征分析。

6. 画出实测弯矩—挠度曲线图。

挠度记录表

加荷序数	加荷时间	荷载/kN	f_1			f_2			f_3			f_4			f_5			跨中挠度	裂缝条数	裂缝宽度
			读数	差值	累计	读数	差值	累计	读数	差值	累计	读数	差值	累计	读数	差值	累计	实测计算值		

应变记录表

加荷序数	加荷时间	荷载/kN	测点 ε_{c1}			测点 ε_{c2}			测点 ε_{c3}			测点 ε_{c4}			测点 ε_{c5}			测点 ε_{g1}			测点 ε_{g2}		
			读数	差值	累计	读数	差值	累计	读数	差值	累计	读数	差值	累计	读数	差值	累计	读数	差值	累计	读数	差值	累计

第6章　悬臂梁的动力特性试验

6.1　试验目的

(1)学习动态应变仪的测试技术。

(2)熟悉动态电阻应变仪的使用方法。

(3)学习用自由振动法测定结构的自振频率和阻尼比。

案例6-1

6.2　试验设备和仪器

(1)等强度梁及砝码。

(2)DH3817型动静态应变测试系统、电脑。

(3)应变片等。

案例6-2

6.3　试验原理

案例 6-3

如图 6-1 所示的悬臂梁，当悬臂端给定某一初始位移 y_0 后，梁的变形形状与结构的第一振型一致，放手后，梁按第一振型发生振动，振动频率为第一自振频率。此时，贴在梁上的应变片 R_1、R_2 随结构的振动过程而不断变化，其规律与梁的振动一致。所以，测点的振动周期及阻尼比即为梁本身的振动周期及阻尼比，用 ω 表示自振频率，ξ 表示阻尼比。

如图 6-2 所示为本次试验的装置框图。系统的自振频率与梁的刚度及质量的分布有关。

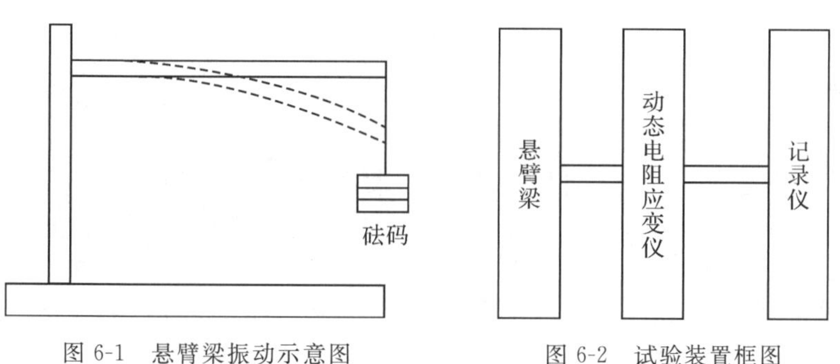

图 6-1　悬臂梁振动示意图　　　图 6-2　试验装置框图

6.4　准备步骤

案例 6-4

(1)准备工作——布置贴片：根据结构特点，在梁上布置应变片。

(2)仪器调试：

①按图 6-2 连接导线。

②应力应变测试参数设置，包括应变计连接方式、应变计电阻、导线电阻、灵敏系数、修正系数、泊松比、满度值等的设置。

③采样条件设置，包括采样速率、采样过程、显示通道的设置。

④平衡操作。

案例 6-5

(3)正式试验:

①启动采样。

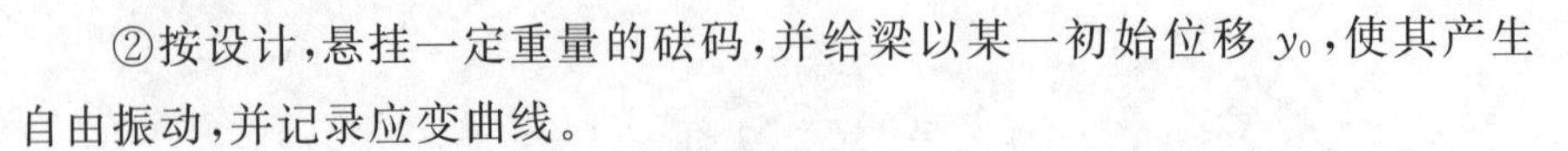

②按设计,悬挂一定重量的砝码,并给梁以某一初始位移 y_0,使其产生自由振动,并记录应变曲线。

(4)自振频率和阻尼比的计算:

从记录图中,求得振动的一个周期 T,即可得到结构的自振频率:

$$\omega=\frac{2\pi}{T}$$

结构的阻尼比:

$$\xi\approx\frac{1}{2\pi}\ln\left(\frac{L_n}{L_{n+1}}\right)$$

式中:L_n 为第 n 个波的峰峰值;L_{n+1} 为第 $n+1$ 个波的峰峰值。

注意,需用不同的砝码重复上述试验 3 次。

6.5 试验报告

(1)简述试验原理及过程,并说明该方法适用的条件。

(2)分析不同质量的砝码对结构自振频率的影响,并从理论上进行定性分析。

案例 6-6

6.6 自评、体会、建议

给出完成本试验后的自我评价、收获、体会、意见和建议。

案例 6-7

6.7　课后思考

1.悬臂梁的固定方式对其动力特性有什么影响?

2.悬臂梁的振动特性与能量是如何变化的?

3.悬臂梁的前三阶振动模态如何测定?

4.悬臂梁的频响函数如何测定?

试验记录表

试验原始记录纸

试验项目名称：悬臂梁动力特性的试验　　　　　试验日期：________

试验操作者：________　　读数人：________　　数据记录人：________

请粘贴打印图形或根据计算机屏幕绘出图形。

试验指导教师签字：

年　月　日

第 7 章　六层框架结构的振动台试验

7.1　试验目的

(1)了解地震模拟振动台的工作原理。

(2)利用模态分析理论对采集到的加速度信号进行频谱分析。

案例 7-1

7.2　试件、试验设备和仪器

(1)WS-5921/U60216-DA1 数据采集控制仪。

(2)GF-500W 功率放大器。

(3)WS-ICP8 型 ICP 适配器。

(4)WS-2401 双通道电荷放大器(见图 7-1)。

(5)电子秤、游标卡尺、钢卷尺及其他工具等,试验装置如图 7-2 所示。

案例 7-2

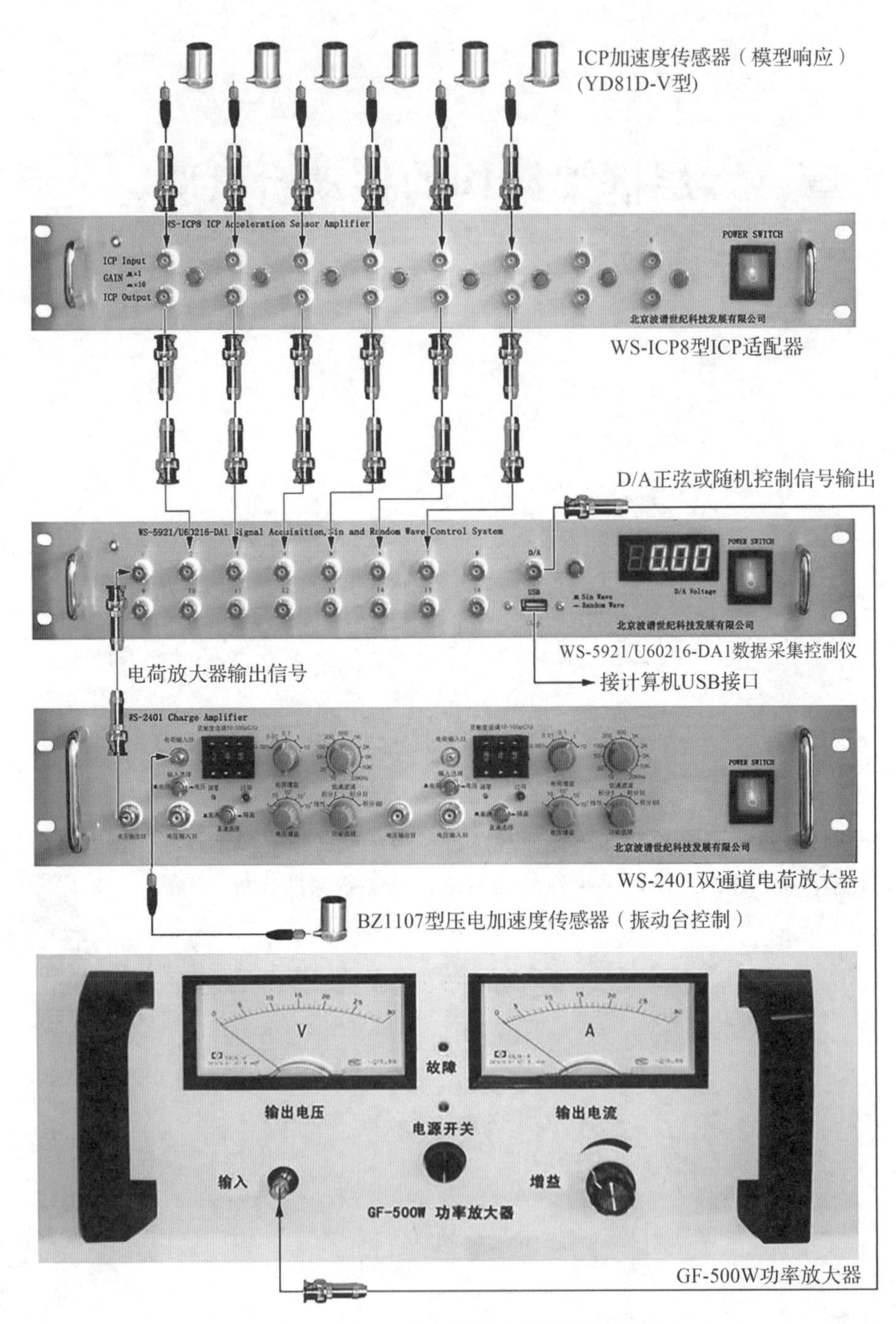

图 7-1　有电荷放大接线图

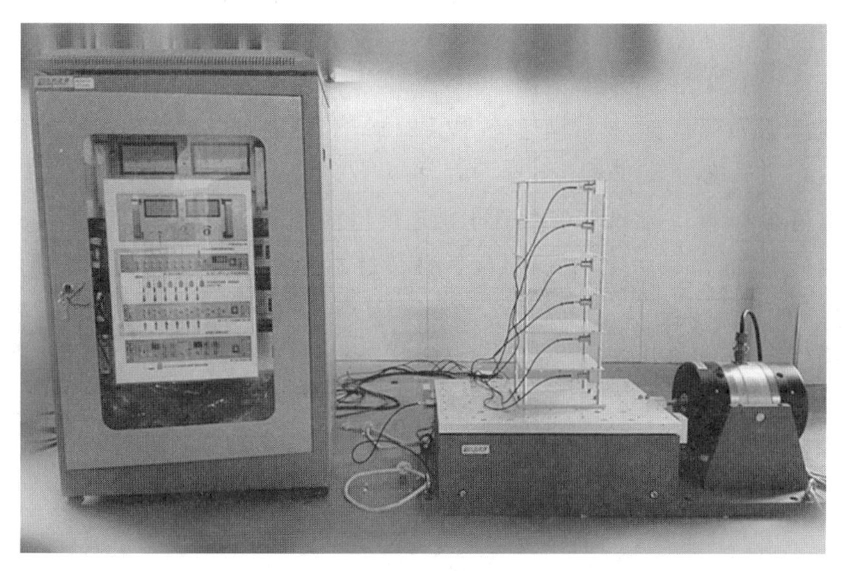

图7-2　试验装置

7.3　试验方案

案例7-3

(1)接线(WS-5921/U60216-DA1型振动台控制仪):

A/D通道〖1〗——接振动台台面加速度传感器;

A/D通道〖2〗——接模型框架第1层;

A/D通道〖3〗——接模型框架第2层;

……

A/D通道〖n〗——接模型框架第n层;

〖D/A〗——接GF-500W功率放大器〖输入〗。

(2)GF-500W功率放大器:〖增益〗旋钮由小至大旋转可加大输出功率,振动台振动幅度也随之加大。

【特别注意】开、关功率放大器电源前,〖增益〗旋钮转至最小。

(3)WS-ICP8型ICP适配器:

①〖ICP Input〗接口1~8接ICP型(YD81D-V型)加速度传感器。

②〖VOLT Output〗接口1~8接WS-5921/U60216-DA1数据采集控制仪的A/D输入接口1~8。

③〖GAIN〗增益红色按键开关，处于“弹出”位置，这时增益=1，对应软件传感器参数设置中的传感器标定系数=0.01V/(m·s^2)。

(4)WS-2401双通道电荷放大器：

①3位黑色数码拨盘〖灵敏度适调〗按BZ1107型压电加速度传感器的灵敏度拨码，如BZ1107的灵敏度为19.2pC/(m·s^2)时，拨码数为“1 9 2”。

②〖电荷输入〗接口接BZ1107型压电加速度传感器。

③〖电荷增益〗调到0.1位置，对应软件传感器参数设置中的传感器标定系数=0.1V/(m·s^2)。

④〖输入选择〗选为电荷，红色按键开关处于“弹出”位置。

⑤〖电压输出〗接WS-5921/U60216-DA1数据采集控制仪的A/D通道〖1〗。

⑥〖低通滤波〗调至“20Hz”档位。用白噪声做框架振型测试时调至“200Hz”档位。

⑦〖功能选择〗调制“线性”位置，表示无积分。

7.4 六层框架结构的振动台试验的特点

六层框架结构的振动台试验可以适时地再现各种地震波的作用过程并进行人工地震波模拟试验，可以比较接近实际地模拟地震时地面的运动状况以及地震对建筑结构的作用情况。通过应变片等传感装置可以直接地检测到结构内部的受力状态，可以通过研究结构地震的反应和破坏机理评价结构整体抗震能力，可以验证设计计算方法的有效性和准确性。对于新型结构体系的开发和研究来说，在还没有提出有效的理论依据时，振动台试验的结果是重要的试验依据。

案例7-4

7.5 六层框架结构的振动台试验的意义

随着社会的发展进步，高层建筑的建造与日俱增，而现行的抗震设计理念已不能完全满足现实需求，不能够十分有效地减小地震造成的损失。而振动台试验可以很好地模拟地震过程和进行人工地震波加载试验，可以最

案例7-5

直接地研究结构地震反应和破坏机理，为现行抗震设计规范准则的革新与修订提供参考。结构地震模拟振动台试验是研究结构抗震性能的最重要和最直接的手段。地震模拟振动台系统是地震工程研究工作的重要试验设备之一。在各种结构模型（或足尺结构）的抗震试验和重要设备的抗震性能考核试验中，振动台可以按照人们的需要模拟地震的再现。

案例 7-6

7.6　试验步骤

(1)对结构进行零输入响应实验，采集系统自由振动时程曲线。

(2)对结构进行谐波激振试验，采集框架结构每层的时程曲线。

(3)对结构进行随机激振试验，采集框架结构每层的时程曲线。

(4)对试验结果进行模态分析(见图 7-3)。

(5)比较实测频率与计算值，并分析误差原因。

案例 7-7

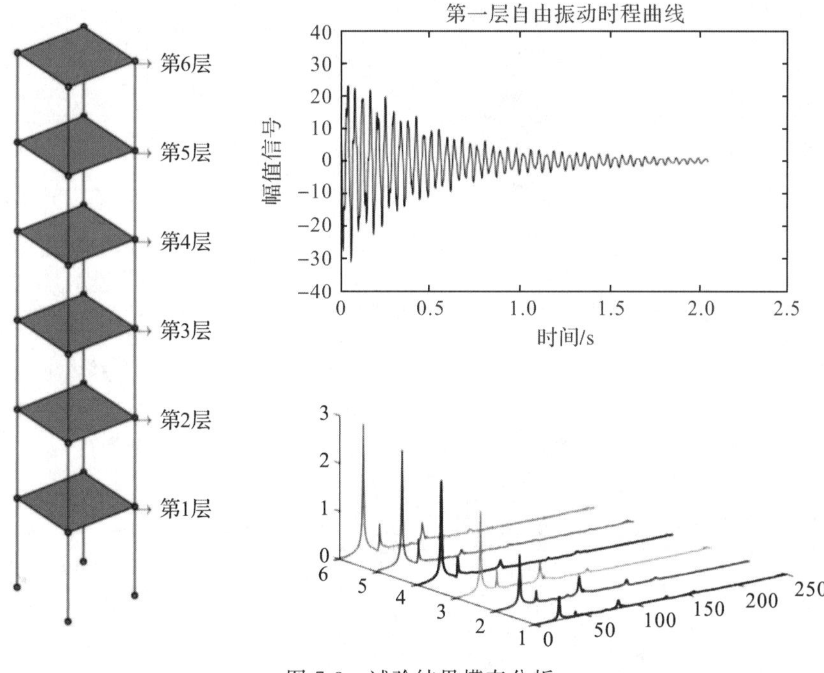

图 7-3　试验结果模态分析

7.7 自评、体会、建议

给出完成本试验后的自我评价、收获、体会、意见和建议。

7.8 课后思考

1.振动台试验的优缺点有哪些?

2.结构抗震试验的主要任务是什么?

3.振动台结构模型试验具有哪些作用?

试验原始记录纸

试验项目名称：六层框架结构的振动台试验　　　试验日期：________

试验操作者：________　　读数人：________　　数据记录人：________

请粘贴打印图形或根据计算机屏幕绘出图形。

试验指导教师签字：

年　月　日

第8章　钢筋混凝土梁虚拟仿真实验

8.1　软件概述

“绍兴文理钢筋混凝土仿真实验”软件采用 VeryEngine 平台与 WebGL 技术进行开发，融合真实感、趣味性、安全性和便利性，创造出了全新的教学与实训体验。

利用现代仿真技术高度复原真实的实验场景及试验器材，参照真实的实验操作对实验过程进行模拟仿真，极具真实感。学习者可以在逼真的虚拟实验环境中，学习钢筋混凝土测试的相关知识及操作。

8.2　软件系统介绍

8.2.1　硬件

实验网址

(1)最低要求：

处理器：Intel i3　　　　内存：4GB

硬盘空间：1TB　　　　显卡：分辨率 1280×720 像素

网络：1000Mbps 以太网卡　　显示器：19 英寸

网速：1MB 以上

(2)推荐要求：

处理器：Inetl i5　　内存：8GB

硬盘空间：1TB　　显卡：分辨率 1920×1080 像素

网络：1000Mbps 以太网卡　　显示器：19 英寸以上

网速：2MB

8.2.2　软件

操作系统：Windows 7 及以上

浏览器：64 位 Chrome 75.0 以上

8.3　软件操作说明

8.3.1　打开软件

通过软件网址链接进入，或者通过学呗课堂任务执行进入(见图 8-1)。

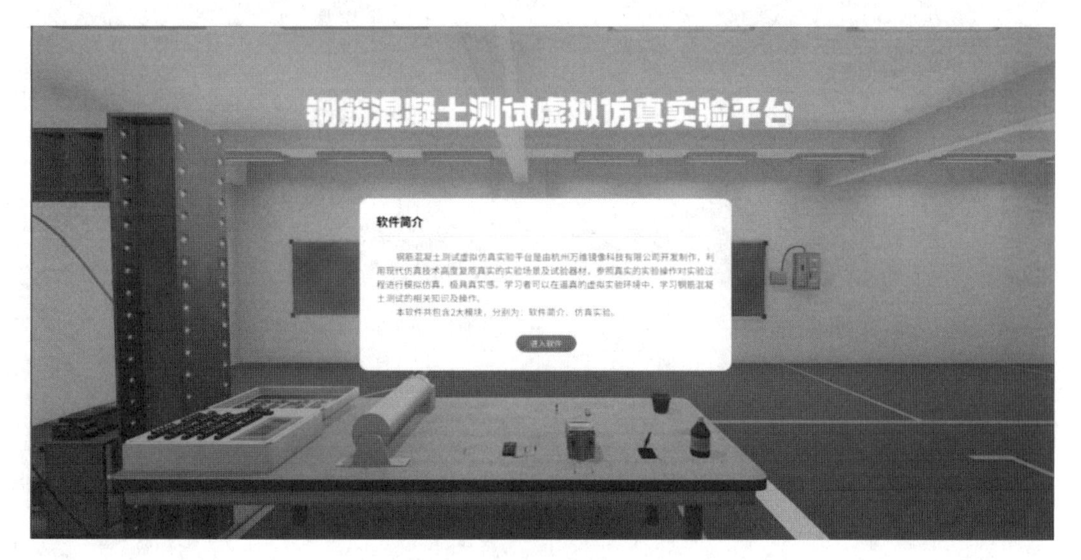

图 8-1　虚拟仿真实验界面

8.3.2　实验室安全知识测试

进入软件后首先要完成实验室安全知识测试(见图 8-2 和图 8-3)。

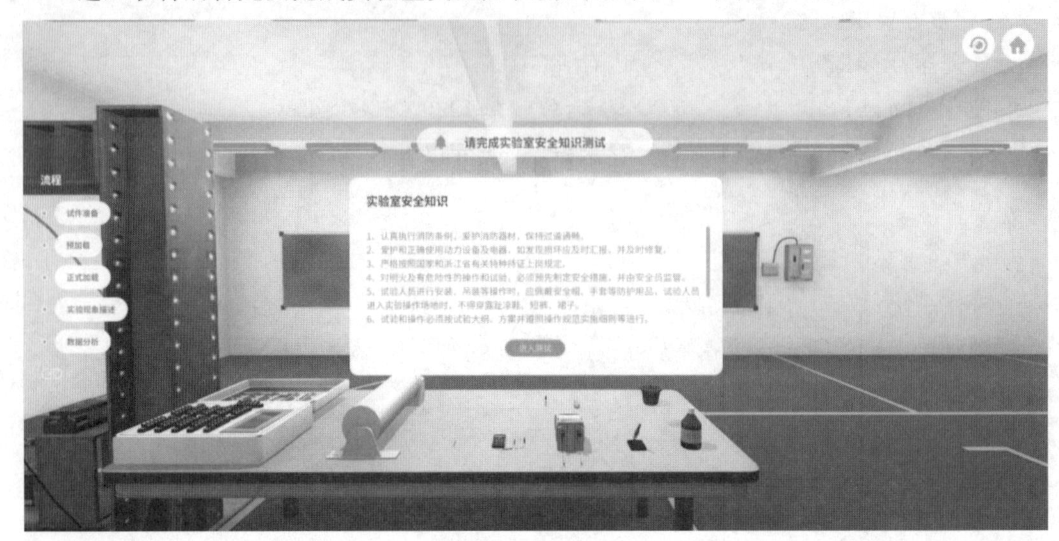

图 8-2　实验介绍

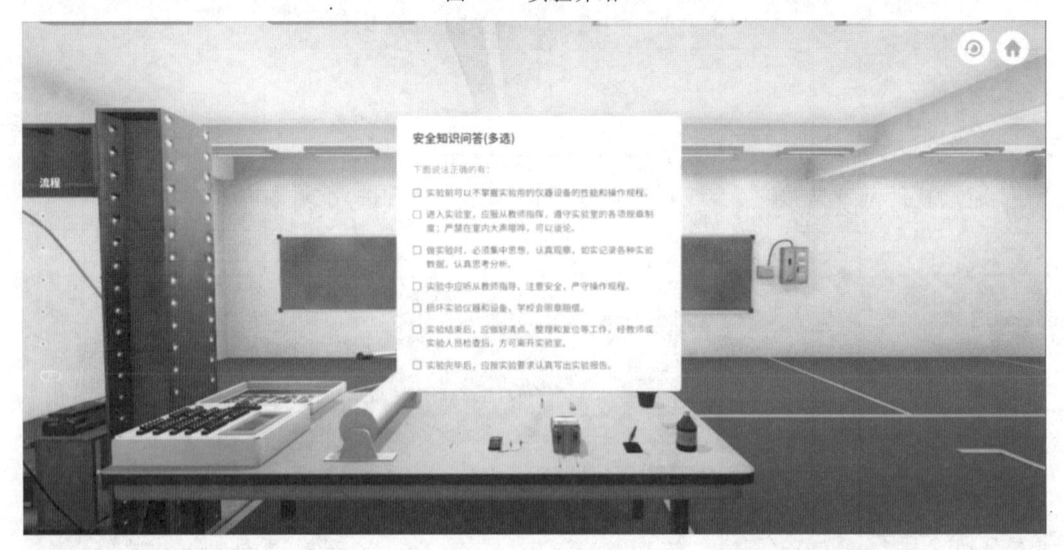

图 8-3　安全培训

完成测试后进入软件。

8.3.3　试件准备

1. 参数选择

自己选择钢筋混凝土梁的截面尺寸(见图 8-4)。

模型尺寸:2100mm×120mm×200mm。

真实尺寸:宽度为 200mm、250mm、300mm、350mm、400mm,高度为 250mm、300mm、350mm、400mm、500mm。

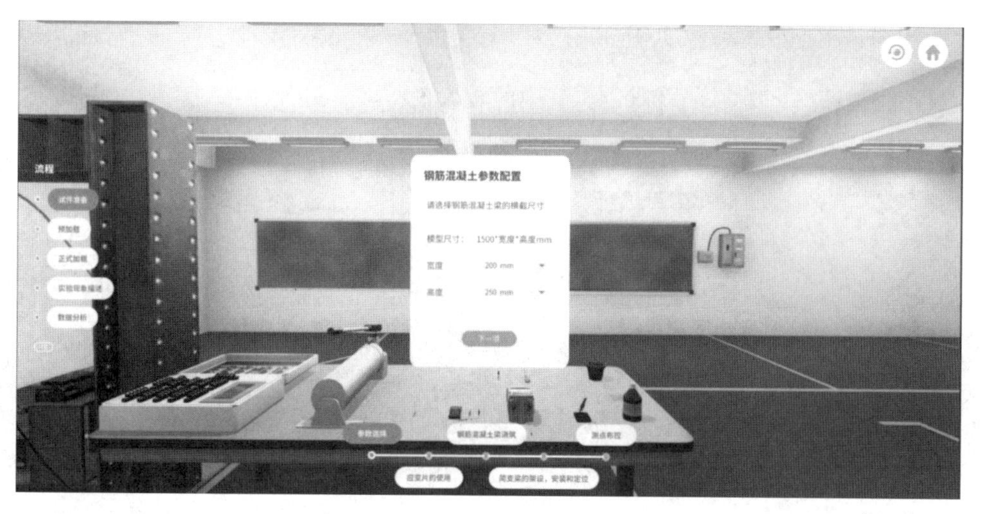

图 8-4　参数选择

配筋量：

选择钢筋规格：8mm、10mm、12mm、14mm、16mm、18mm、20mm、22mm、25mm、28mm。

数量：2、3、4。

混凝土标号：C20、C25、C30、C35、C40，进行配合比设计。

2. 应变片的使用

依次学习以下模块，全部完成后进入下一模块。

案例 8-1

(1)确定梁的配筋率

①计算纵向受拉钢筋的配筋率 ρ(见图 8-5)：

$$\rho=\frac{A_s}{bh_0}(\%)$$

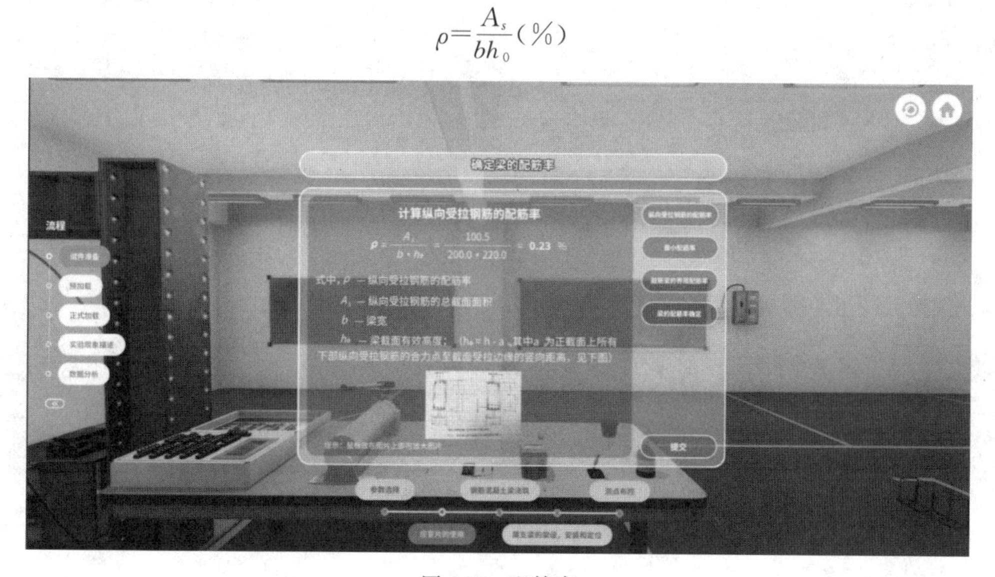

图 8-5　配筋率

②计算最小配筋率 $\rho_{\min}$(见图 8-6)：

最小配筋率 $\rho_{\min}$ 取 0.2%和 0.45 $\frac{f_t}{f_y}$中的较大值。

案例 8-2

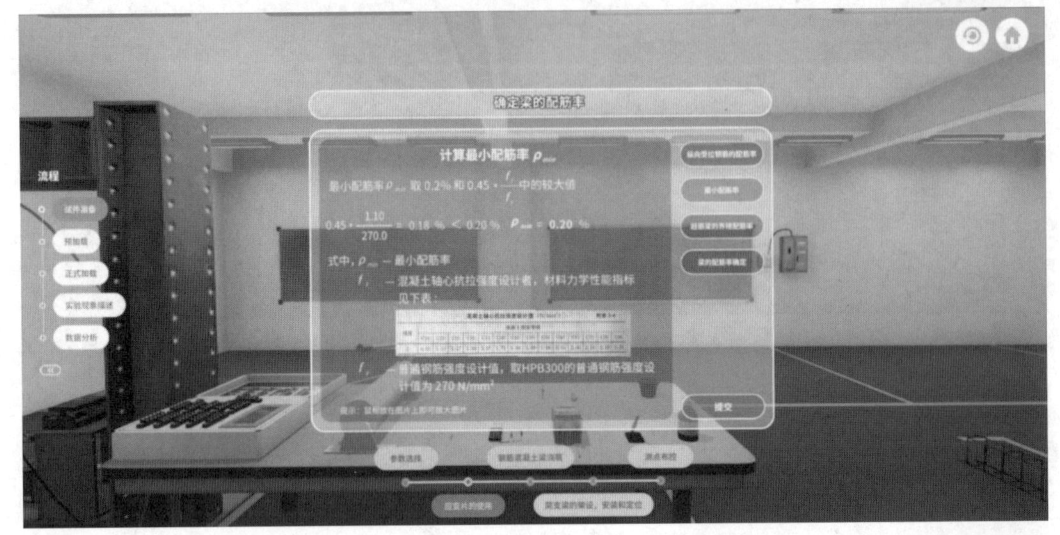

图 8-6　最小配筋率

案例 8-3

③计算超筋梁的界限配筋率 ρ_b(见图 8-7)：

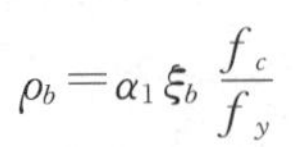

$$\rho_b = \alpha_1 \xi_b \frac{f_c}{f_y}$$

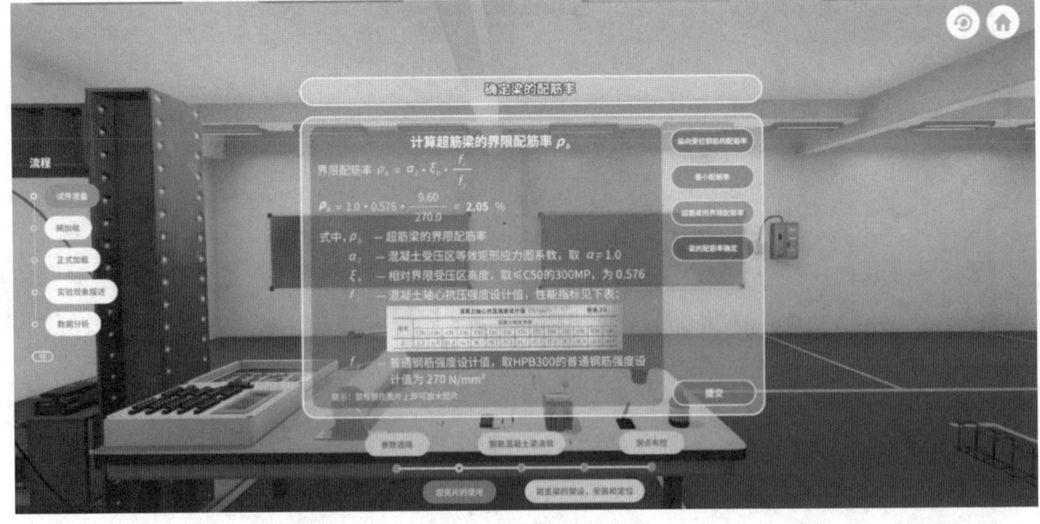

图 8-7　界限配筋率

④判断梁的配筋率是属于适筋、少筋还是超筋：

$$\rho_{\min} \frac{h}{h_0} \leqslant \rho \leqslant \rho_b$$

代入上述公式，$0.2\%\frac{h}{h_0}$（0.2%和 $0.45\frac{f_t}{f_y}$两者取较大值）$\leqslant\rho\leqslant\alpha_1\xi_b\frac{f_c}{f_y}$。

如果 ρ 大于 $\rho_{\min}\frac{h}{h_0}$且小于 ρ_b，属于适筋梁；

如果 ρ 小于 $\rho_{\min}\frac{h}{h_0}$，属于少筋梁；

如果 ρ 大于 ρ_b，属于超筋梁。

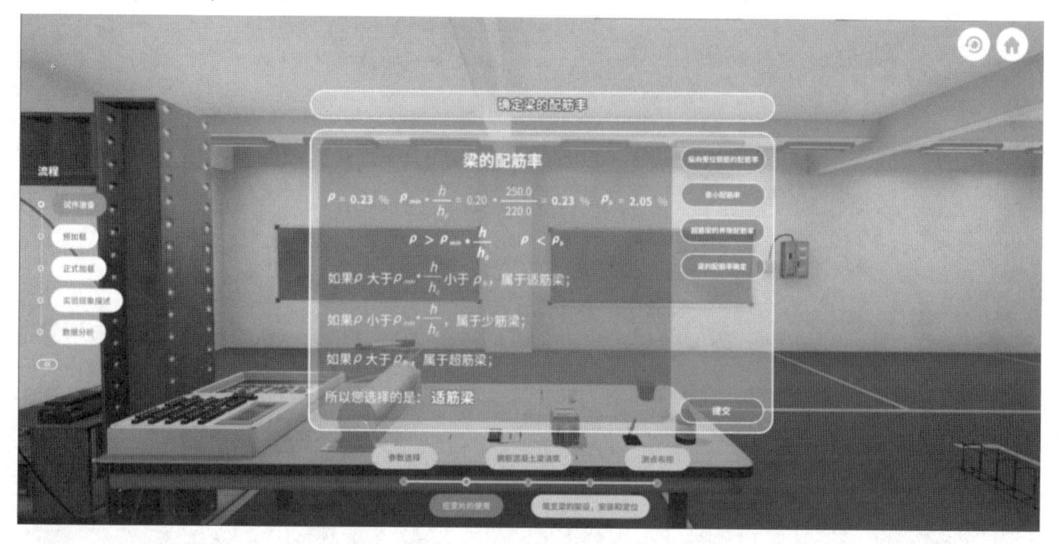

图 8-8　配筋判断

(2)应变片的使用

①应变片的结构如图 8-9 所示。

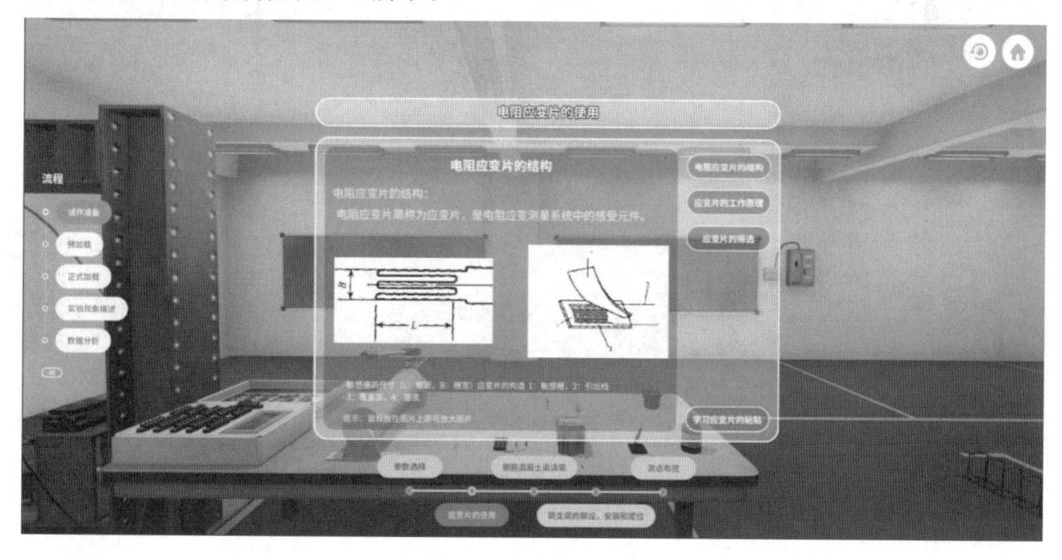

图 8-9　应变片的结构

②应变片的工作原理如图 8-10 所示。

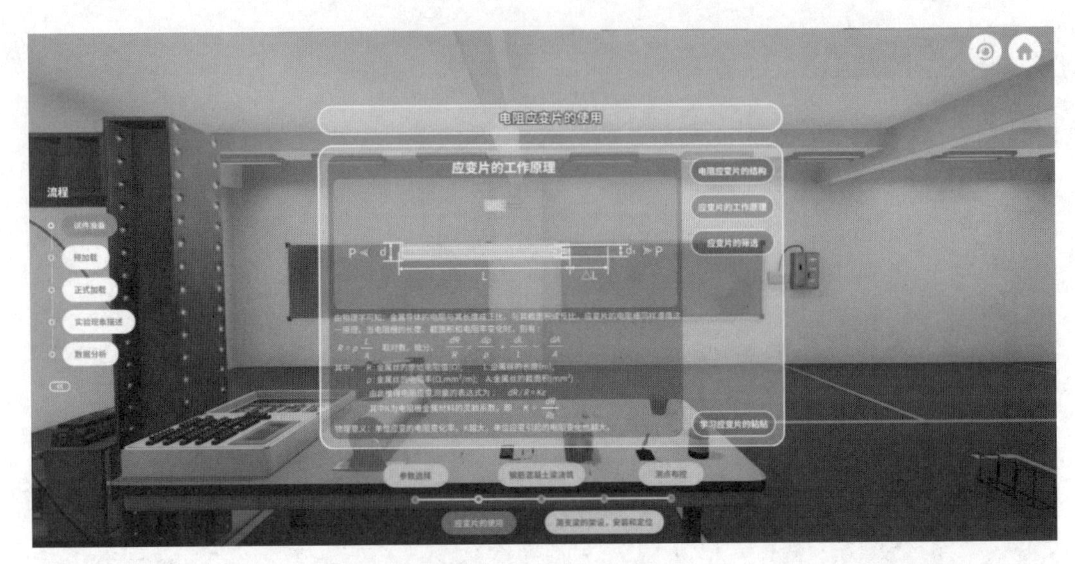

图 8-10　应变片的工作原理

③应变片的筛选如图 8-11 所示。

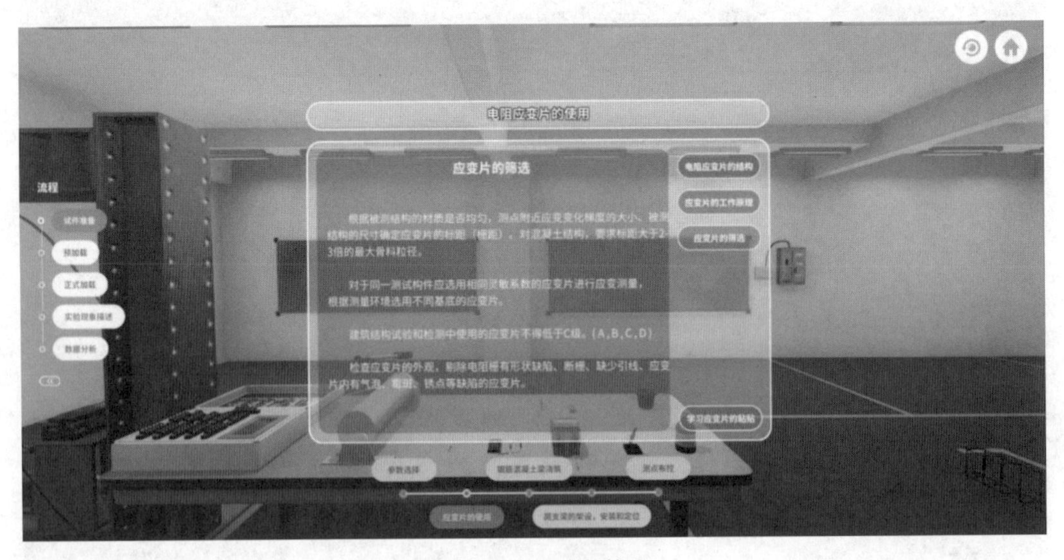

图 8-11　应变片的筛选

(3)学习应变片的粘贴

全部学习后进入应变片的粘贴教学实验(见图 8-12 和图 8-13)。

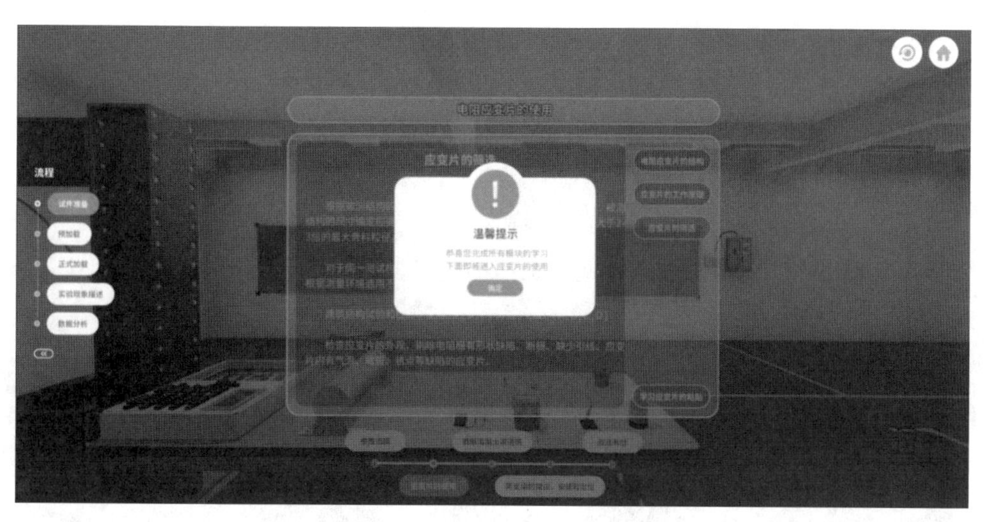

图 8-12　应变片的粘贴准备

图 8-13　应变片的粘贴操作

①实验过程中可以通过按键 WASD 和按住鼠标右键旋转在场景中进行漫游。

②上方的“中心提示”表示目前需要进行的操作。

③右下角的“任务提示”页面提示当前页面内容。

④右上角有当前主题画面的画中画，点击画面后画中画放大至画面中心。

⑤点击场景中高亮物体(图中为砂纸)进行下一步操作。

“应变片粘贴实验”过程为：

①构件砂纸打磨；

②酒精擦拭；

③铅笔画出中心线；

④胶水粘贴应变片和接线端子；

⑤电烙铁焊接引出线；

⑥检查应变片(见图 8-14);
⑦万用表测量应变片电阻栅的电阻值;
⑧兆欧表测量电阻栅与被测结构间的绝缘电阻;
⑨进行防水防潮处理;
⑩万用表再次测量应变片电阻栅的电阻值;
⑪兆欧表再次测量电阻栅与被测结构间的绝缘电阻。

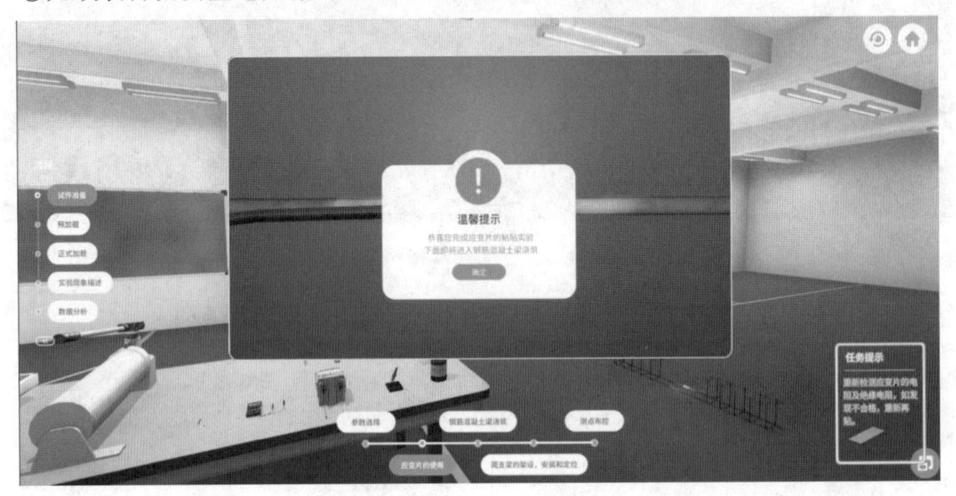

图 8-14　应变片测试

实验完成后进入下一模块。

3. 钢筋混凝土梁浇筑

“钢筋混凝土梁浇筑”实验为:
①实验过程中可以通过按键 WASD 和按住鼠标右键旋转在场景中进行漫游。
②上方的“中心提示”表示目前需要进行的操作。
③右下角的“任务提示”页面提示当前页面内容(见图 8-15)。

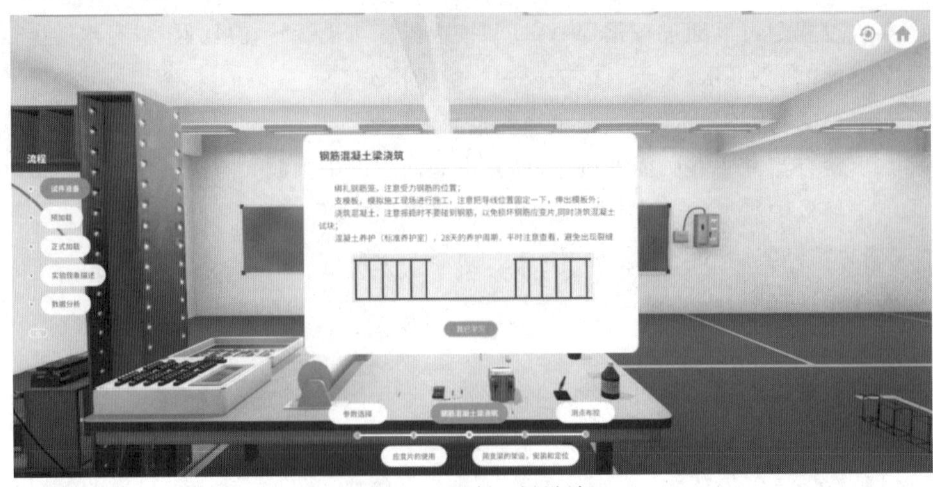

图 8-15　混凝土梁设计

④点击场景中的高亮物体(图中为钢筋)进行下一步操作(见图 8-16)。

图 8-16　混凝土梁浇筑

“钢筋混凝土梁浇筑”过程为：

①混凝土梁浇筑。

②用振动器进行振捣。

③对固化的混凝土进行养护。

4. 简支梁的架设、安装和定位

“简支梁的架设、安装和定位”实验(见图 8-17 和图 8-18)为：

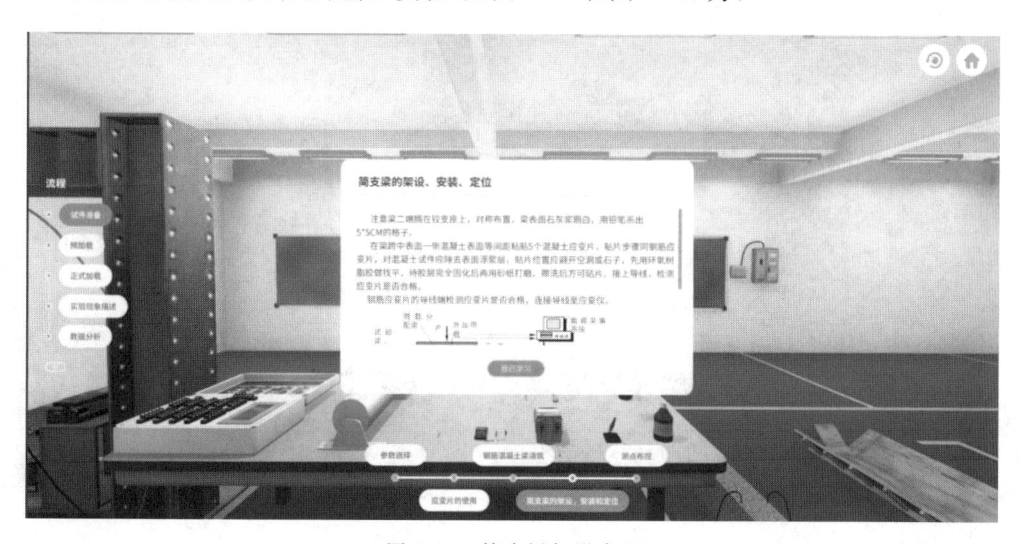

图 8-17　简支梁架设布置

图 8-18　简支梁安装、定位

①实验过程可以通过按键 WASD 和按住鼠标右键旋转在场景中进行漫游。

②上方的“中心提示”表示目前需要进行的操作。

③右下角的“任务提示”页面提示当前页面内容。

④点击场景中高亮物体(图中为混凝土)进行下一步操作。

5. 测点布控

“测点布控”实验(见图 8-19 和图 8-20)为：

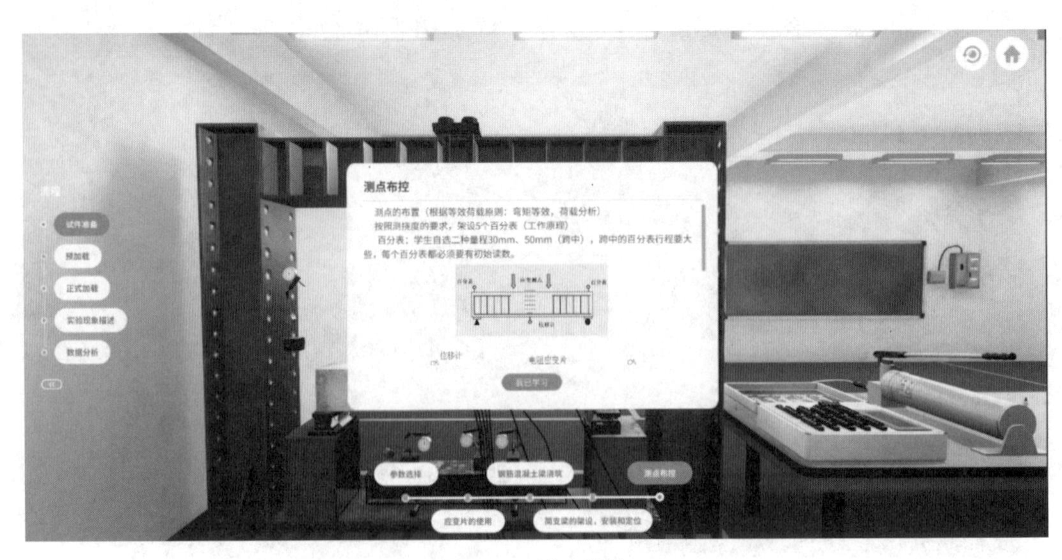

图 8-19　测点设计

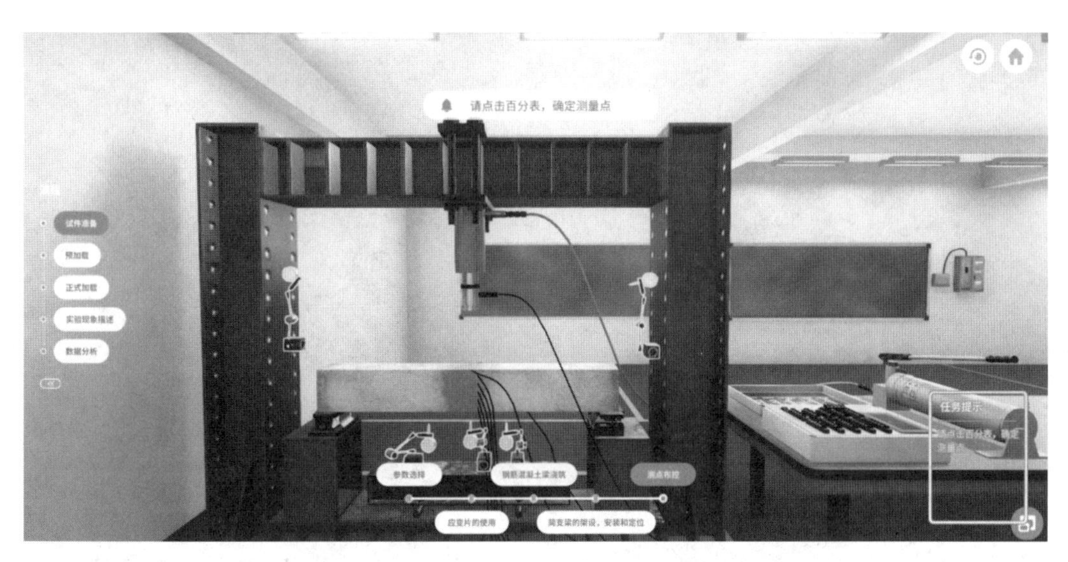

图 8-20　测点布置

①实验过程中可以通过按键 WASD 和按住鼠标右键旋转在场景中进行漫游。

②上方的“中心提示”表示目前需要进行的操作。

③右下角的“任务提示”页面提示当前页面内容。

④点击场景中高亮物体(图中为百分表)进行下一步操作。

“测点布控”过程为：

①百分表测点布控；

②应变仪线连接。

8.3.4　预加载

“预加载”实验(见图 8-21 和图 8-22)为：

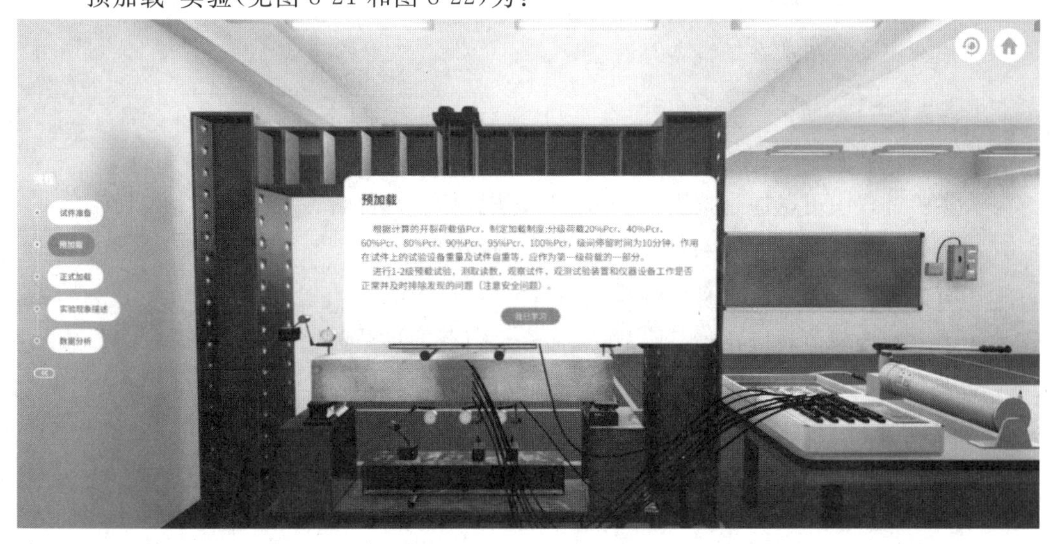

图 8-21　预加载准备

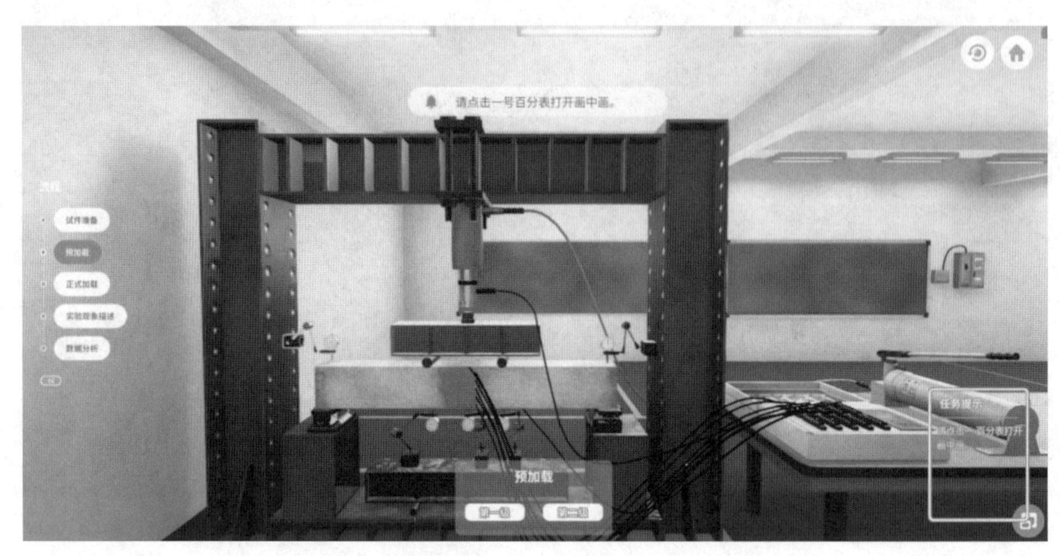

图 8-22　预加载操作

①实验过程中可以通过按键 WASD 和按住鼠标右键旋转在场景中进行漫游。

②上方的“中心提示”表示目前需要进行的操作。

③右下角的“任务提示”页面提示当前页面内容。

④下方有加载荷载按钮，跟随提示点击进行荷载的加载。

⑤中心有百分表画中画，点击对应百分表后打开。

⑥点击场景中高亮物体(图中为百分表)进行下一步操作。

“预加载”过程为：

①打开对应百分表画中画。

②加载第一级荷载查看设备是否正常。

③加载第二级荷载查看设备是否正常。

8.3.5　正式加载

“正式加载”实验为：

①实验过程中可以通过按键 WASD 和按住鼠标右键旋转在场景中进行漫游。

②上方的“中心提示”表示目前需要进行的操作。

③右下角的“任务提示”页面提示当前页面内容。

④下方有加载荷载按钮，跟随提示点击进行荷载的加载(见图 8-23)。

⑤中心有百分表画中画，点击对应百分表后打开。

图 8-23　加载说明

1. 卸载负荷。

点击“确定”进行荷载的卸载，如图 8-24 所示。

图 8-24　加载操作

2. 加载开裂荷载

在“初始荷载”“20％荷载”“40％荷载”“开裂荷载”时要进行百分表数据记录，每个数据会自动保留两位小数。数据输入完毕后，点击“关闭”进入下一步(见图 8-25)。

图 8-25　荷载记录

数据记录完毕后，依次加载七级荷载(见图 8-26)。

图 8-26　开裂荷载判断

加载第七级荷载(100％开裂荷载)时会打开“梁画中画”，进行裂缝的观察(见图 8-27)。

图 8-27　持续加载

数据记录完毕后，可继续观察或点击“结束观看”进入下一模块(见图 8-28)。

图 8-28　裂缝观测

3. 加载破坏荷载

100％开裂荷载为 40％破坏荷载，所以破坏荷载从 60％开始加载(见图 8-29)。

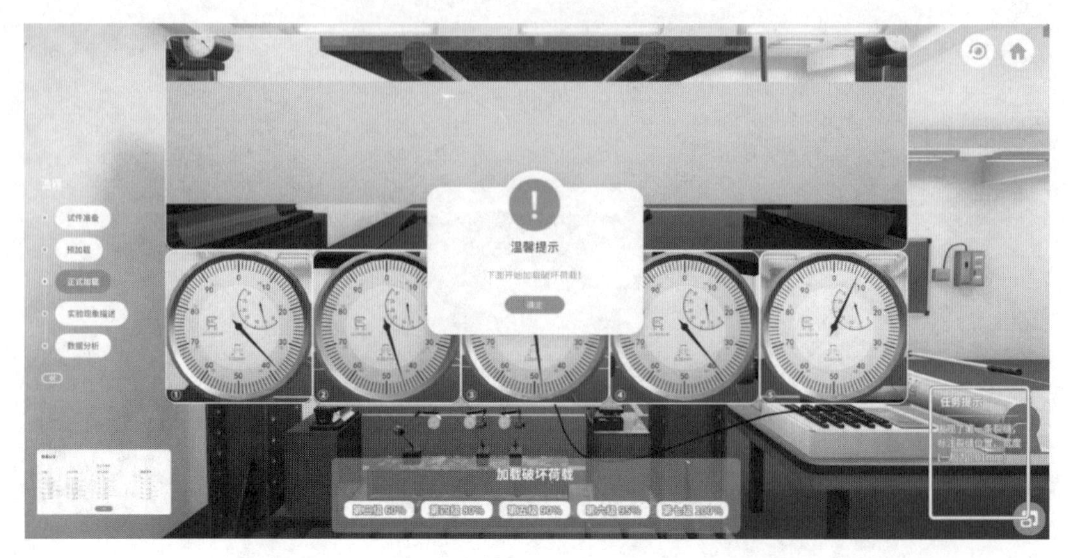

图 8-29　加载准备

根据提示依次加载七级荷载。

加载完毕后可继续观察或点击按钮进入下一模块(见图 8-30)。

图 8-30　依次加载

8.4　实验现象描述

实验现象描述页面,可使用鼠标拖动或滚动滑轮进行翻页(见图 8-31)。

图 8-31　实验现象描述

鼠标悬停在图片上后即可放大图片。

观看完毕后点击“我已学习”进入下一模块。

8.5 数据分析

数据分析页面，可使用鼠标拖动或滚动滑轮进行翻页(见图 8-32)。

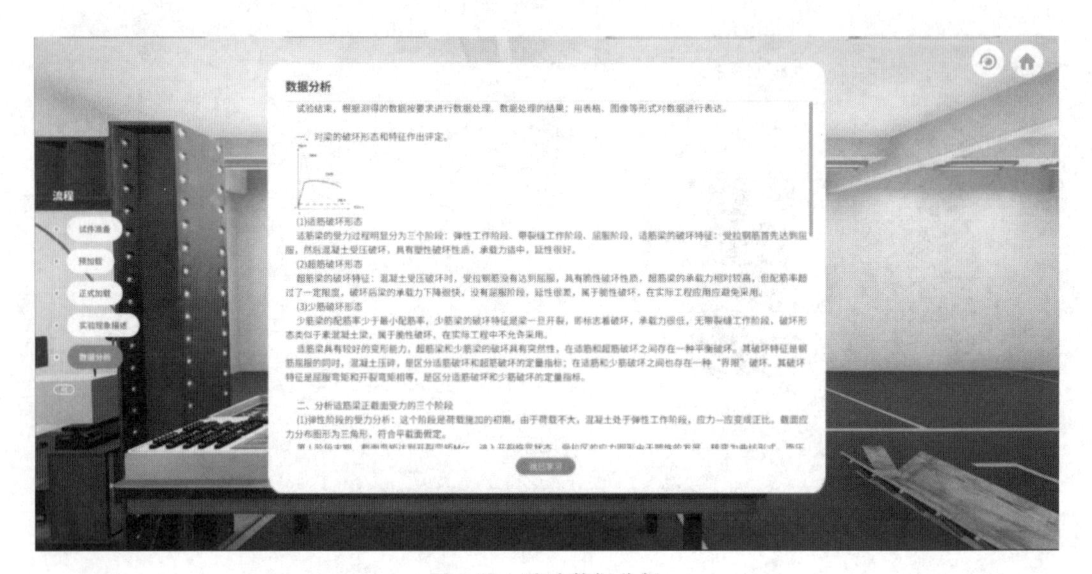

图 8-32 试验数据分析

鼠标悬停在图片上后即可放大图片。

观看完毕后点击“我已学习”进入下一模块。

8.6　实验报告

8.6.1　实验数据

对整体实验中产生的数据进行整理记录(见图 8-33)。

全部输入并检查完毕后点击“下一项”进入下一页。

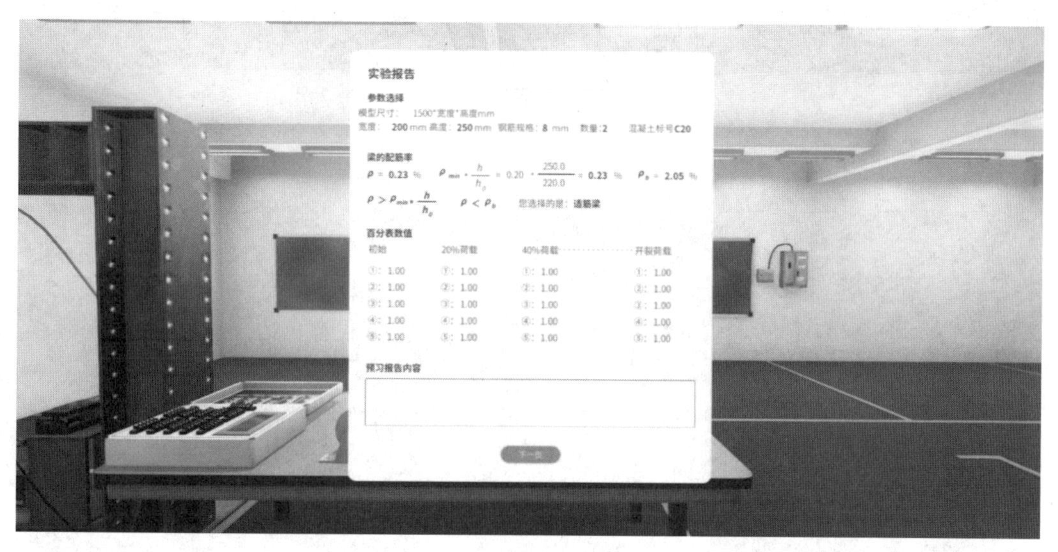

图 8-33　数据整理

8.6.2　实验报告

编辑实验报告页面,依次输入实验方案、实验目的、实验装置、实验过程、实验数据处理、结论(见图 8-34)。

点击“上一项”可返回上一页。

全部输入并检查完毕后点击“提交”进行提交(见图 8-35)。

点击“取消”关闭提交页面。

点击“确定”后返回主界面,即可重新开始实验。

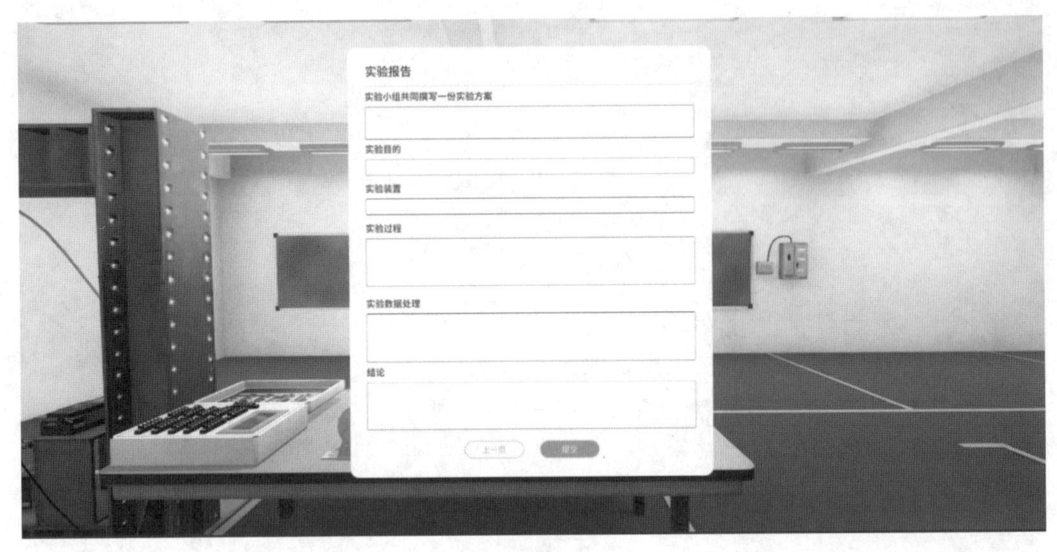

图 8-34　生成实验报告

图 8-35　实验结果提交

案例 8-4

第9章 混凝土强度与回弹模量无损检测

9.1 试验目的

(1)了解回弹法检测结构混凝土强度的意义和原理。

(2)熟悉回弹检测仪的使用方法。

(3)测试实际结构(构件)混凝土强度。

案例 9-1

9.2 试验设备和仪器

9.2.1 回弹仪

案例 9-2

(1)主要功能:回弹仪用以测试混凝土的抗压强度,是现场检测用的最广泛的混凝土抗压强度无损检测仪器。

(2)主要技术指标:

①冲击功能:2.207J。

②弹击拉簧刚度:785N/cm。

③弹击锤冲程:75mm。

④指针系统最大静摩擦力:0.5~0.8N。

⑤钢砧率定平均值:80±2。

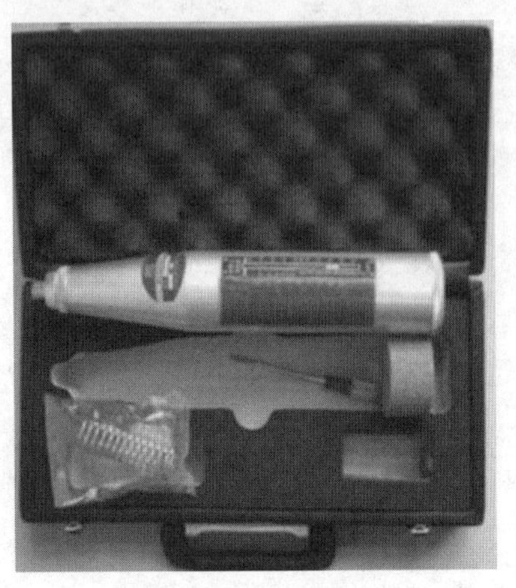

图 9-1 混凝土回弹仪(指针直读式)

9.3 回弹法检测混凝土强度的意义

案例 9-3

当混凝土工程发生涉及安全使用的质量事故后,通常需要调查分析造成事故的原因,其中提供结构或构件混凝土实际强度的数据是必不可少的。但长期以来都是用试块试压的方法来确定构件或构筑物的混凝土抗压强度。而在具体的质量事故中,又往往对某一构件需要确定出强度不合格的区域,据此采用相应的加固补强措施,这不是通过试块的试压结果就能解决的。因此,采用无损方法直接在构件上确定混凝土的强度,不论在理论上还是在实际应用上,都较传统的试块的试压方法优越,而且具有更大的说服力。

9.4 回弹法检测混凝土强度的工作原理

回弹法是测定混凝土强度的表面硬度力学方法之一。根据混凝土强度与表面硬度

案例 9-4

间存在的相关关系，用检测砼表面硬度的方法直接检验或者推定砼强度。仪器工作时，随着对回弹仪的不断施压，弹击杆徐徐向机壳内推进，弹击拉簧被拉伸，使连接弹击拉簧的弹击锤获得恒定的冲击能量 E(见图 9-2)。

当挂钩与调零螺丝互相挤压时，使弹击锤脱钩，于是弹击锤的冲击面与弹击杆的后端平面相碰撞。此时，弹击锤释放出来的能量借助弹击杆传递给混凝土构件，混凝土弹性反应的能量又通过弹击杆传递给弹击锤，使弹击锤获得回弹的能量向后弹回，计算弹击锤回弹的距离 L' 和弹击杆脱钩前距弹击杆后端平面的距离 L 之比，即得回弹值 R，它由仪器外壳上的刻度尺示出(见图 9-3)。

$$R=\frac{L'}{L}\times 100$$

式中：R——回弹值；

L'——弹击锤向后弹回的距离；

L——冲击前弹击锤距弹击杆的距离。

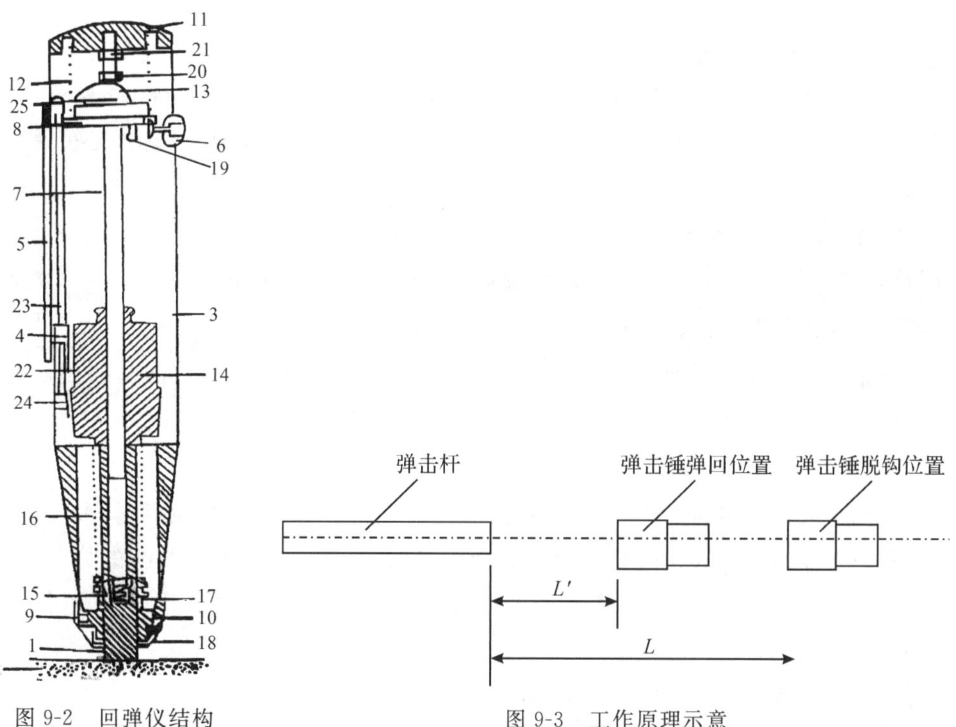

图 9-2　回弹仪结构　　　　图 9-3　工作原理示意

1—弹击杆；2—混凝土构件试面；3—仪壳；4—指针滑块；5—刻度尺；6—按钮；7—中心导杆；8—导向法兰；9—盖帽；10—卡环；11—尾盖；12—压力弹簧；13—挂钩；14—冲击锤；15—缓冲弹簧；16—弹击拉簧；17—弹簧座；18—密封毡圈；19—挂钩螺栓；20—调整螺栓；21—紧固螺母；22—弹簧片；23—指针轴；24—固定块；25—挂钩弹簧

9.5 回弹法检测混凝土强度的步骤

9.5.1 测试前的准备工作

案例 9-5

(1)率定:每次检测前,回弹仪必须在标准的钢砧上率定。率定时,钢砧应放在刚性较大的砼地坪上,弹击杆分四次旋转,每次旋转 90°,取其中最后连续 3 次读数稳定的回弹值的平均值作为率定值。要求范围为 80±2。超过此值,则仪器需标定或维修。

(2)构件表面的处理:应清洁、平整、无污物。

(3)收集资料:查阅有关图纸和技术文件,了解工程名称及设计、施工和建设单位名称;结构或构件名称、外形尺寸、数量及混凝土设计强度等级;水泥品种、安定性、标号、厂名;砂、石种类与粒径;外加剂或掺合料品种、掺量;施工时材料计量情况;模板、浇筑及养护情况;成型日期;配筋及预应力情况;结构或构件所处环境条件及存在问题等。其中以了解水泥安定性合格与否最为重要。

(4)制定方案:根据工程施工现场情况,制定检测方案,确定检测部位。

9.5.2 测区和测点的布置

(1)结构或构件混凝土强度检测可采用下列两种方式,它们的适用范围及结构或构件数量应符合下列规定:

①单个检测:适用于单个结构或构件的检测。

②批量检测:适用于相同的生产工艺条件下,混凝土强度等级相同,原材料、配合比、成型工艺、养护条件基本一致且龄期相近的同类结构或构件。按批进行检测的构件,抽检数量不得少于同批构件总数的 30%且构件数量不得少于 10 件。抽检构件时,应随机抽取并使所选构件具有代表性。

(2)每一结构或构件的测区应符合下列规定:

①一般每一构件的测区数不应少于 10 个,对于构件尺寸小于 4.5mm×0.3mm 的可适当减少,但不得少于 5 个测区,测区过少,检测数据没有代表性,没有实际意义。

②相邻两测区的间距应控制在 2m 以内,测区离构件端部或施工缝边缘的距离不宜大于 0.5m,且不宜小于 0.2m。

③测区应选在使回弹仪处于水平方向检测混凝土浇筑侧面,当不能满足这一要求时,可使回弹仪处于非水平方向检测混凝土浇筑侧面、表面或底面。

④测区宜选在构件的两个对称可测面上,也可选在一个可测面上,且应均匀分布。

在构件的重要部分及薄弱部位必须布置测区，并应避开预埋件。

⑤测区的面积不宜大于 0.04m²。

9.5.3　回弹

回弹时，相邻测点不宜小于 2cm，一般在测区内按 4×4 点矩阵弹击，弹击时先用弹击杆顶住混凝土表面，轻压仪器，使按钮松开，弹击杆伸出，挂钩挂上弹击锤，手持回弹仪对混凝土表面缓慢均匀施压，等弹击锤脱钩冲击弹击杆。弹击完成后，锁住机芯，使指针滑块保持所在位置，然后再将仪器拿到便于观察处读取回弹值。

9.6　回弹法无损检测的注意事项

(1)测试回弹仪应始终与测试面相垂直，并不得在气孔和石子上弹击。

(2)每一测区的两个测面用回弹仪各弹击 8 点，如果一个测区只有一个测面，则需测 16 点。

(3)每一测点只允许弹击一次，测点宜在测面范围内均匀分布，测点距构件边缘或外露钢筋、铁件的间距一般不小于 30mm。

9.7　混凝土回弹无损检测及数据处理

9.7.1　回弹值计算

案例 9-6

在恒压的条件下，用回弹仪对试件两侧分别均匀选择 8 个测点，测量和记录混凝土试件的回弹值($i=1,2,3,\cdots,16$)。在使用回弹仪测量混凝土回弹值时，要求回弹仪处于水平并垂直测试表面。

对于 16 个回弹值，舍去其中 3 个最大的回弹值和 3 个最小的回弹值，余下的 10 个中间值($i=1,2,3,\cdots,10$)用于计算混凝土立方体回弹测试平均值：

$$R_m = \frac{\sum_{i=1}^{n} R_i}{10}$$

案例 9-7

式中：R_m—— 测区平均回弹值，精确至 0.1；

R_i—— 第 i 个测点的回弹值。

非水平状态检测混凝土浇筑侧面时,应按下式修改:

$$R_m = R_{m\alpha} + R_{a\alpha}$$

式中:$R_{m\alpha}$—— 非水平状态检测时测区的平均回弹值,精确至 0.1;

$R_{a\alpha}$—— 非水平状态检测时回弹值的修正值,可按附录 A 采用。

水平方向检测混凝土浇筑顶面或底面时,应按下列公式修正:

$$R_m = R_m^t + R_\alpha^t$$

$$R_m = R_m^b + R_\alpha^b$$

式中:R_m^t,R_m^b—— 水平方向检测混凝土浇筑表面、底面时,测区的平均回弹值,精确至 0.1;

R_α^t,R_α^b—— 混凝土浇筑表面、底面回弹值的修正值,应按附录 B 采用。

当检测时回弹仪为非水平方向且测试面为非混凝土的浇筑侧面时,应先按附录 A 对回弹值进行角度修正,再按附录 B 修正后的值进行浇筑面的修正。

9.7.2 混凝土强度计算

结构或构件的第 i 个测区的混凝土强度换算值,可按平均回弹值及平均碳化深度由附录 C 查表得出,当有地区测强曲线或专用测强曲线时,混凝土强度换算值应按地区测强曲线或专用测强曲线换算得出。

结构或构件的测区混凝土强度平均值可根据各测区的混凝土强度换算值计算。当测区数为 10 个及以上时,应计算强度标准差。平均值及标准差应按下式计算:

$$m_{f_{cu}^c} = \frac{i = \sum_{i=1}^{n} f_{cu,i}^c}{n}$$

$$s_{f_{cu}^c} = \sqrt{\sum_{i=1}^{n} (f_{cu,i}^c)^2 - n\,(m_{f_{cu}^c})^2}$$

式中:$m_{f_{cu}^c}$—— 结构或构件测区混凝土强度换算值的平均值(MPa),精确至 0.1MPa;

n—— 对于单个检测的构件,取一个构件的测区数,对批量检测的构件,取被抽检构件测区数之和;

$s_{f_{cu}^c}$—— 结构或构件测区混凝土强度换算值的标准差,精确至 0.1MPa。

9.7.3 混凝土强度推定

结构或构件测区数少于 10 个时:

$$f_{cu,e} = f_{cu,\min}^c$$

式中:$f_{cu,\min}^c$—— 构件中最小的测区混凝土强度换算值,精确至 0.1MPa。

当该结构或构件的测区强度值中出现小于 10MPa 时,$f_{cu,e} < 10\text{MPa}$。

9.8　课后思考

1. 常用的混凝土无损检测技术除了回弹法还有哪些？

2. 在回弹法检测混凝土强度时，引起误差的因素有哪些？

3. 无损检测技术中的回弹法和超声波法，哪一种测得强度更贴近混凝土实际强度值？

试验原始记录纸

试验项目名称：混凝土强度及弹性模量无损检测　　试验日期：________

试验操作者：________　　测读者：__________　　数据记录者：________

1.测试方案及测区记录：

2.回弹值记录表：

测区	回弹值																
	1	2	3	4	5	6	7	8	9	10	11	12	13	14	15	16	m_R

3.强度换算值。

第10章　混凝土裂缝检测试验

10.1　试验目的

(1)了解混凝土超声波无损检测的基本原理。

(2)掌握一般非金属材料超声波检测的方法。

(3)测试实际构件的混凝土裂缝并进行评定。

案例10-1

10.2 试验设备和仪器

(1)混凝土超声波检测仪。如图10-1所示为非金属超声检测分析仪。

案例10-2

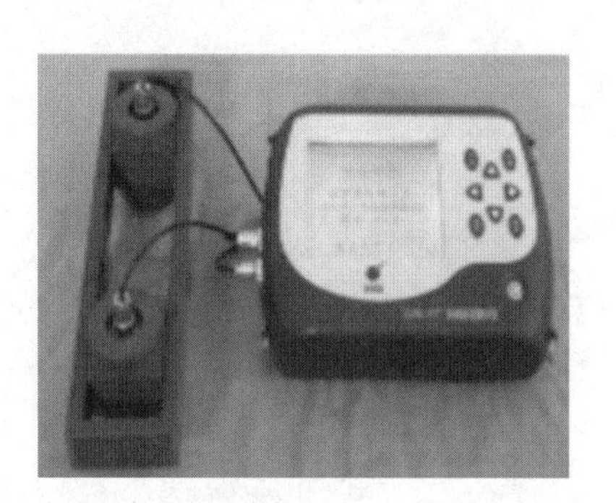

图10-1 非金属超声检测分析仪

(2)钢筋混凝土试件。试件为钢筋混凝土梁,长×宽×高=1500mm×100mm×100mm,在梁上先布置不同深度的裂缝。

10.3 超声波无损检测的意义

混凝土结构常产生裂缝,影响结构安全与耐久性。无破损地探测裂缝深度对于判断裂缝危害性、制定处理方案具有重要意义。

10.4　超声波无损检测机理

当换能器 A、B 分置于裂缝两侧时，由换能器 A 发出的超声波一部分沿表面传播，由于裂缝的反射，不能直接到达接收换能器 B，另一部分超声波在混凝土中由 A 经 C，绕过裂缝到达 B。这时，测到的传播时间应大于经表面传播的时间。

在裂缝附近布置换能器，并使 AD＝AB＝l，测出超声波沿无缝表面传播的时间，并以此代表没有裂缝情况下换能器在 A、B 处测得的传播时间。根据三角形边长关系可导出裂缝深度 h 为：

$$h=\frac{l}{2}\sqrt{\left(\frac{t}{t^0}\right)^2-1}$$

案例 10-3

式中：t^0——不跨缝平测声时；

t——跨缝平测声时；

l——换能器测距。

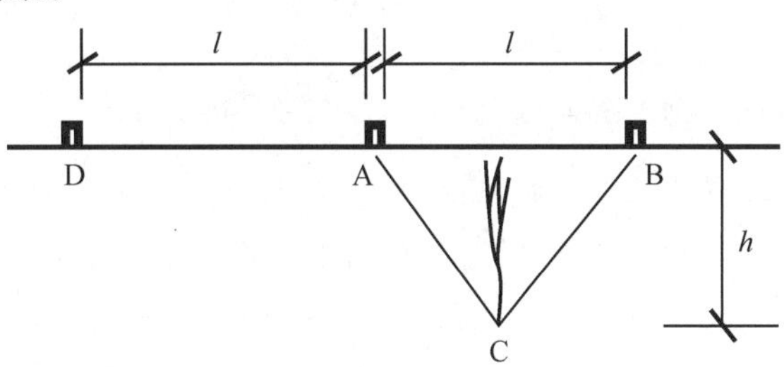

图 10-2　检测原理

10.5　超声波检测裂缝的步骤

10.5.1　测试前的准备工作

(1)仪器准备。

(2)构件表面的处理：应清洁、平整、无污物。

(3)制定方案:根据工程施工现场情况,制定检测方案,确定检测部位。

案例 10-4

10.5.2 表面平测法测点的布置

(1)不跨缝平测:先在裂缝附近进行不跨缝测量。在裂缝附近无缝处划一直线,在直线上再划出 100mm,150mm,200mm,…的短线。将一换能器置于 A 点不动,另一换能器分别距 A 换能器(内边缘)为 100mm,150mm,200mm,…(l'_1,l'_2,l'_3),测量不跨缝声时 t_1^0,t_2^0,t_3^0。

(2)跨缝平测:垂直于裂缝划一条直线,在直线上以裂缝为中心,向两端划短线。每对短线间距也为 100mm,150mm,200mm,…。将换能器置于每对测线上,测量超声波绕经裂缝的传播时间 t_1,t_2,t_3。

案例 10-5

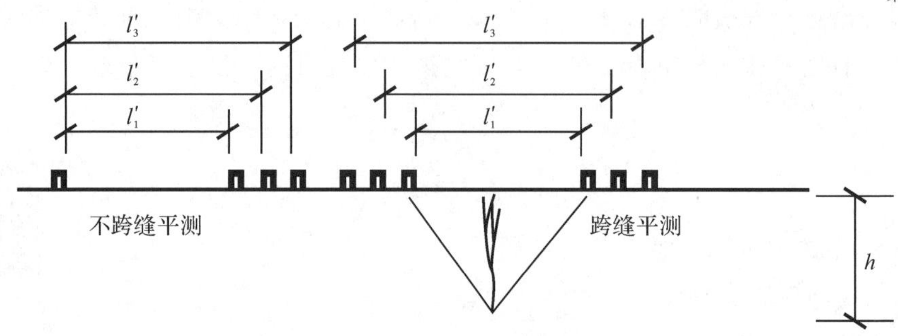

图 10-3 表面平测法测点布置

10.5.3 双面斜测法测点的布置

当裂缝所在结构具有两个相对测试面时,可采用双面斜测法测裂缝。

布置测线,如图 10-4 所示,一矩形梁两侧各有一条裂缝,分别以 A 和 B 表示。现不知道这两条裂缝各有多深,是否贯穿。这种情况下可采用双面斜测法进行扫描测量。在裂缝 A 一侧布置测点 1,2,3,4,5,…,在裂缝 B 一侧也布置测点 1′,2′,3′,4′,5′,…。让 1—1′,2—2′,3—3′,4—4′,5—5′测线斜穿过裂缝所在的平面 AB。为了比较,再布置一条测线作为无缝混凝土的比较基准。以上所有测线都是相同斜度和测距。

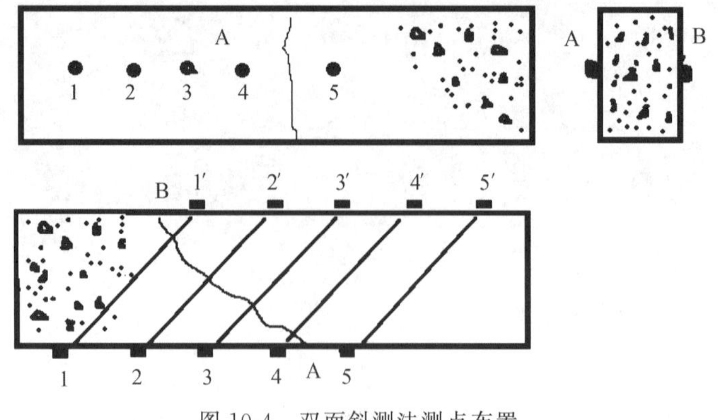

图 10-4 双面斜测法测点布置

10.6　注意事项

案例 10-6

(1)波形反相。在平测法测裂缝中有一个有趣的现象,那就是波形反相。当我们从短测距开始做跨缝测量时,随着测距增大,到某一测距时,会发现波形发生翻转,这就是波形反相。波形反相的原因有待进一步探讨,但有一点是明确的:首波反相是在换能器间距离大致为裂缝深度的1～1.5倍时发生的。此法作为另一种手段,增列了波形反相法。

案例 10-7

(2)钢筋的影响。平测法测裂缝深度时应注意钢筋的情况。当有钢筋垂直穿过裂缝并与换能器连线大致平行时,若钢筋与换能器连线间的距离较小,部分声波将折射并沿钢筋传播,且先于绕裂缝末端传播的声波到达接收换能器。显然,这时的钢筋像一座搭在裂缝上的桥,使声波的传播短路,结果是:计算得到的裂缝深度变小,甚至为负数。测试时换能器避开钢筋的距离应大于或等于裂缝深度的 1.5 倍。

10.7　超声波无损检测及数据处理

10.7.1　表面平测法测浅裂缝

(1)求时距图:以不跨缝各测点声时(t_1^0,t_2^0,t_3^0)为横坐标,测距 l_1',l_2',l_3'为纵坐标,点绘出时距图并将各点连成一条直线。以直线回归方法求出方程式 $l=a+bt^0$,其中 b 是待定系数,a 是直线在纵坐标上的截距。

(2)计算超声实际传播距离:

$$l_i=l_i'+|a|$$

式中:l_i——第 i 点超声实际传播距离;

l_i'——第 i 点超声换能器内边缘距离;

a——时距图中的截距。

案例 10-8

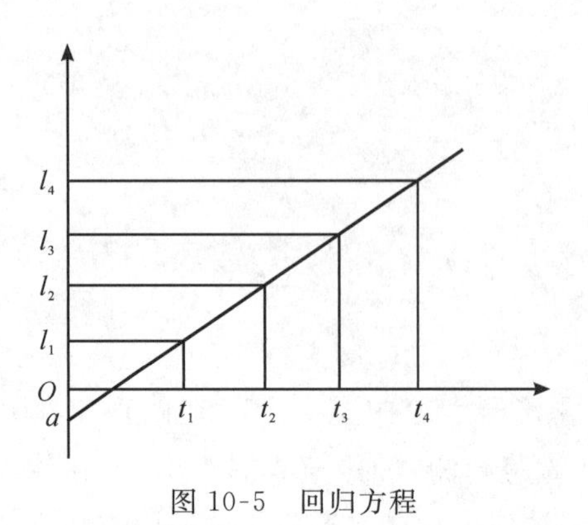

图 10-5　回归方程

(3)计算裂缝深度：

$$h_i=\frac{l_i}{2}\sqrt{\left(\frac{t_i}{t_i^0}\right)^2-1}$$

式中：h_i——测点 i 处裂缝的计算深度；

t_i^0，t_i——测距为 l_i 时跨缝与不跨缝测得的声时。

(4)结果处理：计算在不同测距下各裂缝计算深度的平均值$\overline{h}$。把各测距中凡是$l_i<\overline{h}$和$l_i>3\overline{h}$的那些数据舍弃，以剩下的各计算裂缝深度的平均值作为裂缝深度的最后结果。

10.7.2　双面斜测法测裂缝

案例 10-9

测量各条测线的声时与振幅值。以振幅作为主要判断依据，注意换能器与混凝土表面耦合良好、一致。

在图 10-4 中，1 到 5 号测线均穿过裂缝所在平面。若裂缝延伸到某条测线，由于裂缝对声波的剧烈反射，该条测线所测振幅将大大降低，一般降低一半以上。另外，该测线声时也会有所延长。根据各条测线振幅、声时测值与基准测线的对比，可判断裂缝延伸到哪条测线，从而确定裂缝的深度。

10.8　课后思考

1. 还有哪些检测混凝土裂缝的方法？

2. 减小混凝土构件裂缝的主要措施有哪些？

3. 试探究平测法中出现波形反相现象的原因。

试验原始记录纸

试验记录表

试验项目名称：混凝土裂缝检测试验　试验日期：________

试验操作者：__________　测读者：____________　数据记录者：____________

第 11 章　钢筋位置的检测试验

11.1　试验目的

案例 11-1

(1)了解钢筋位置无损检测的意义和原理(电磁感应法)。

(2)掌握钢筋位置检测仪的使用方法。

(3)测试实际构件中钢筋的直径、混凝土保护层的厚度及钢筋的布置情况。

11.2　试验设备和仪器

(1)钢筋位置检测仪采用电磁感应法检测混凝土钢筋的位置。

(2)钢筋位置检测仪 SW-180S(见图 11-1),除了能检测钢筋位置外,还能判定钢筋直径和保护层厚度。

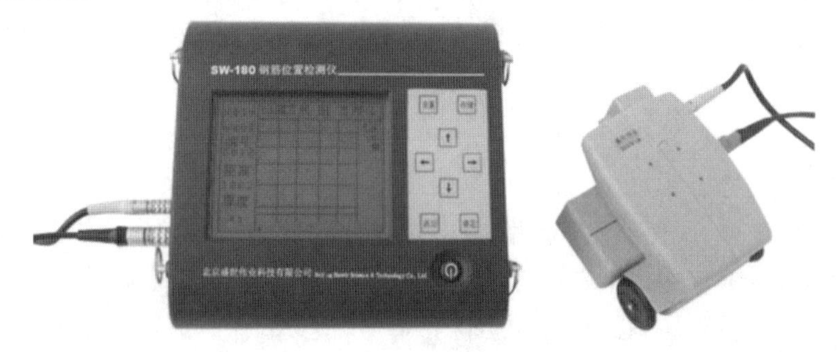

图 11-1　钢筋位置检测仪 SW-180S

11.3　钢筋位置无损检测的意义

案例 11-2

钢筋是混凝土结构中最重要的元素之一,它直接决定了结构的抗弯、抗压、抗剪、抗震、抗冲击性能,影响结构的安全性和耐久性。由于施工中的种种原因,混凝土中的钢筋位置往往发生位移,不符合受力设计严格定位和混凝土结构设计对混凝土保护层厚度的要求。2002 年 4 月颁布的《混凝土结构施工质量验收规范》(GB 52024—2015),对工程的梁、板类构件的保护层厚度检测提出了明确要求。在对既有结构进行评估、改造的过程中,也要对内部的钢筋分布(数量、规格、保护层厚度)进行现场检测。另外,在对钢筋混凝土钻孔取芯或安装设备钻孔时需要避开主筋位置等要求,因此均需探明钢筋的实际位置。

因此,混凝土中钢筋的无损检测应用越来越广,这对如何快速准确地进行钢筋各项指标的检测有着重要的工程价值。

11.4 钢筋位置无损检测的工作原理

钢筋的无损检测方法主要有红外线扫描检测法、射线照相检测法、雷达波反射法和电磁感应法。

红外线扫描检测法具有非接触、远距离、大面积扫查、结果直观等优点。此方法在定性判断方面较直观，但在定量判断上误差较大，需对比确定；而且试验过程需要高频磁场感应加热，现场检测也不方便。

射线照相检测法可以用透照的办法给出缺陷的直观图像，这不但有利于迅速判别缺陷的危害程度，而且还可以给出钢筋的实际位置图像。但射线照相检测法需要强大的射线发射源，设备笨重，需要供电设施，且射线发射源及检测过程中会存在许多安全隐患，所以此检测方法不适宜现场检测。

案例 11-3

探地雷达技术可检测钢筋的埋置深度和位置，但探地雷达检测设备价格昂贵，且定量性差。

因此，在钢筋定位无损检测方面，电磁感应法应用最为广泛与方便，本实验针对此方法展开。

当穿过闭合线圈的磁通改变时，线圈中出现电流的现象叫做电磁感应。当整块金属内部的电子受到某种非静电力(如由电磁感应产生的洛仑兹力或感生电场力)时，金属内部就会出现感应电流，这种电流称为涡流。由于多数金属的电阻率很小，因此不大的非静电力往往就可以激起很大的涡流。电磁感应及涡流原理是钢筋定位仪能进行检测的理论基础。

钢筋定位仪由主机和探头组成，探头的结构及工作原理如图 11-2 所示。

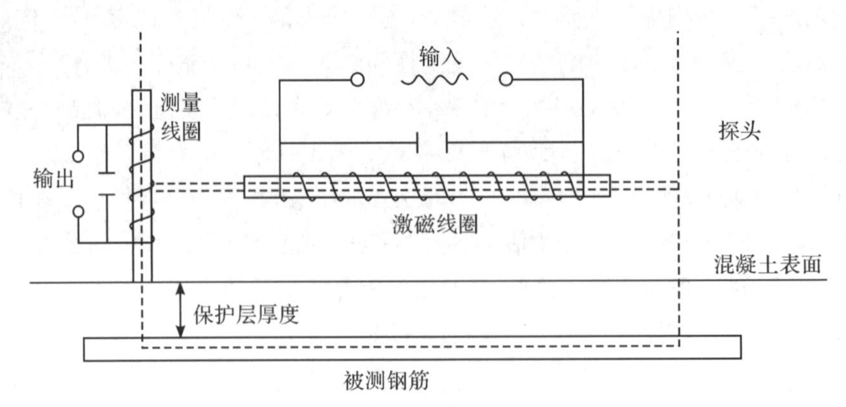

图 11-2 探头结构及工作原理

根据电磁感应原理，由主机的振荡器产生频率和振幅稳定的交流信号。送入探头的激磁线圈，在线圈周围产生交变磁场，引起测量线圈出现感生电流，产生输出信号。当没有铁磁性物质（如钢筋）进入磁场时，由于测量线圈的对称性，此时输出信号最小。而当探头逐渐靠近钢筋时，探头产生交变磁场在钢筋内激发出涡流。而变化的涡流反过来又激发变化的电磁场，引起输出信号值慢慢增大。探头位于钢筋正上方，且其轴线与被测钢筋平行时，输出信号值最大，由此定出钢筋的位置和走向。

当不考虑信号的衰减时，测量线圈输出的信号值 E 是钢筋直径 D 和探头中心至钢筋中心的垂直距离 y 以及探头中心至钢筋中心的水平距离 x 的函数，可表示为：

$$E=f(D,x,y) \tag{11-1}$$

当探头位于钢筋正上方时，$x=0$。此时可简单地表示为：

$$E=f(D,y) \tag{11-2}$$

因此，当已知钢筋直径 D 时，测出信号值 E 的大小，便可以计算出 y，而保护层厚度 $c=y-D/2$。

由式(11-1)知，E 是一个二元函数，要测出 D，必须测量两种状态下的信号值 E，因而建立方程组并求解得：

$$E_1=f(D_1,\ y_1) \tag{11-3}$$

$$E_2=f(D_2,\ y_2) \tag{11-4}$$

目前主要通过下面两种方式来测量钢筋直径：

(1)内部切换法：探头置于钢筋正上方，轴线与被测钢筋平行，仪器自动切换测量状态测量两次，得出直径测量值。该方法无须变换探头位置，减少了产生误差的环节，快捷方便，容易操作。

(2)正交测量法：探头置于钢筋正上方，轴线与被测钢筋平行、垂直时各测量一次，得出直径测量值(见图 11-3)。该方法因测量过程中要变换位置而引入了两次测量误差。

案例 11-4

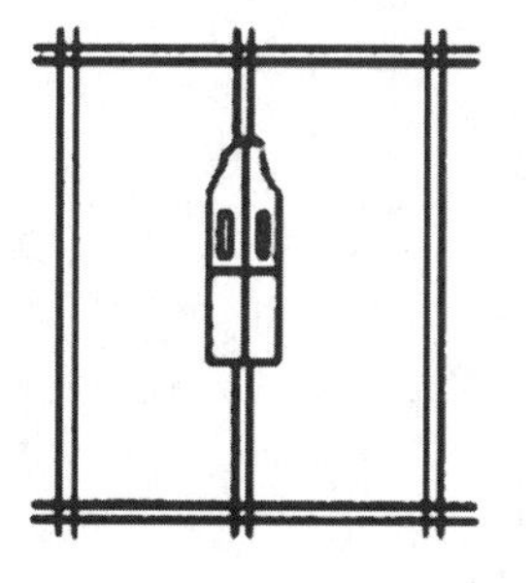

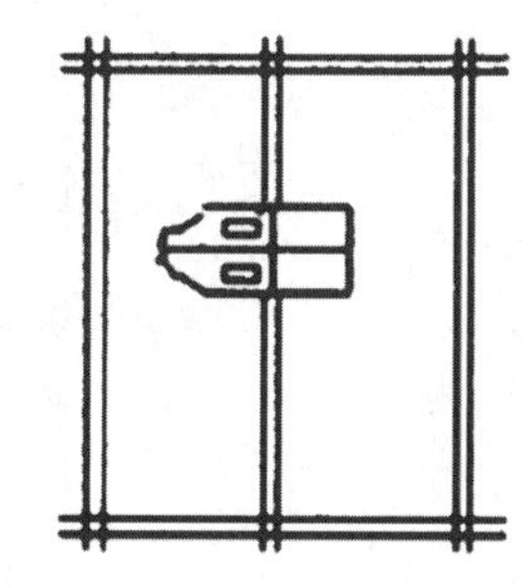

图 11-3　正交测量法

11.5 钢筋位置无损检测的步骤

11.5.1 测试前的准备工作

案例 11-5

设备的计量和检查:把计量检定周期内的设备在标准块上进行检查,确定设备工作状态是否正常。

电池电量检查:大部分钢筋检测仪使用的是 6 节 5 号碱性电池,新电池电压约 9.0V,当电池电压低于 5.0V 时,应及时更换。

构件表面的处理:应清洁、平整、无污物。

避开干扰:钢筋检测仪利用的是电磁波原理,检测时应避开强交变电磁场(如电机、电焊机等)及测点周边的较大金属结构、预埋金属件等。

收集资料:查阅有关图纸和技术文件,了解设计钢筋的混凝土保护层厚度,钢筋直径、间距及分布,预埋件的位置等,以保证检测所需参数正确。

制定方案:根据工程施工现场情况,制定检测方案,确定检测部位、测试钢筋的根数,并在现场标明。

11.5.2 测线的布置

确定被测受力钢筋的排列方向(走向),然后在垂直受力钢筋的走向布置一条测线,沿测线对受力钢筋进行连续扫描,确定钢筋的位置和混凝土保护层厚度,每条测线上扫描不少于 6 根受力钢筋。当有平行于测线的钢筋分布时,为了避开钢筋影响,提高测试精度,要先用钢筋仪扫描出这些钢筋的位置,然后在相邻的两根钢筋间布置测线(见图 11-4)。

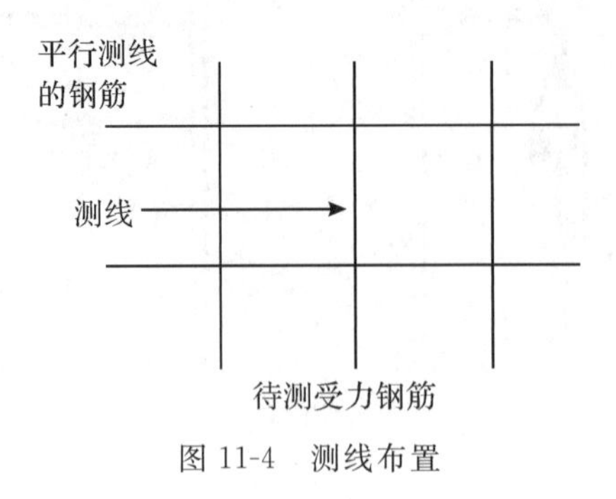

图 11-4　测线布置

对梁柱类构件,测线应布置在箍筋间距中间位置。对板类构件,通常配有纵横两个方向的网状钢筋。检测时,应先用仪器确定 2 根同方向的钢筋,并标注其位置,然后在这

2 根钢筋之间沿其方向进行测试。

11.5.3　信号指示读取

案例 11-6

国内市场上的钢筋检测仪大部分都有多种信号指示方式，如信号值、趋势条、最小值、声音提示等，如图 11-5 所示。

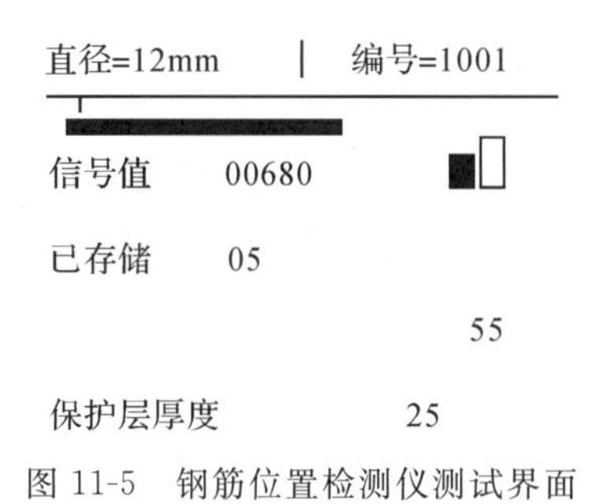

图 11-5　钢筋位置检测仪测试界面

信号值是指钢筋仪接收到的钢筋内感生电流激发的二次电磁场的大小，其对钢筋的反应最灵敏，测试十分准确。当探头由远及近向钢筋移动时，信号值逐渐变大，到钢筋正上方时达到最大值，此时读取保护层厚度值最准确。特别是钢筋的混凝土保护层厚度大、信号弱时，观察信号值测试比较准确，建议在测试过程中重点观察。

趋势条反映的是探头接近钢筋的程度。由远及近接近钢筋时，趋势条逐渐延长，到钢筋正上方时达到最大；由近及远离开钢筋时，趋势条逐渐变短。趋势条图像化指示探头到钢筋的相对距离变化，比较直观，但灵敏度差，测试不准确。

声音提示：当探头由远及近到达钢筋轴线正上方后，此时信号值最大，趋势条最长，斜线距离最短。钢筋仪产生蜂鸣声，提示可能探头到达了钢筋正上方。这项提示仅是一个警示作用，不能作为精确测试的主要依据。而且，当钢筋比较密、干扰信号多，或钢筋保护层较厚时，钢筋仪会产生误报警声音，甚至多次报警。更要引起足够重视的是，不能仅凭声音就判断钢筋位置和保护层厚度，也不能据此判断设备有问题，而要结合信号值和趋势条来进行综合分析。

我们将探头放置于钢筋的正上方，探头轴向与钢筋走向一致，测出钢筋的直径 D。

重新输入检测得到的 D 值，同样将探头置于钢筋的正上方，轴向与钢筋平行，便可以准确测出保护层的厚度值。

选择网格扫描或剖面扫描功能，可连续扫描混凝土试件得到内部钢筋的布置情况。

11.6 钢筋位置无损检测的注意事项

(1)假设钢筋直径。预设值接近混凝土内钢筋真实值时,测试误差小,测试精度高。

(2)选择合适的档位。保护层厚度在 60mm 以内时,用浅层测试档;超过 60mm 时,用深层测试档。

(3)避免环境磁场干扰。检测前,操作员应移去手机、钥匙、附近的铁磁性物质等,以免影响探头清零和测试的准确性。

(4)探头复位。测试过程中,探头上或多或少有一些剩磁存在,会影响测试。此时要将探头举到空气中进行复位操作,以提高测试精度。

(5)确定钢筋走向。一般根据设计资料或经验确定,如果无法确定,应在两个正交方向多点扫描,以确定钢筋位置,如图 11-6 所示。

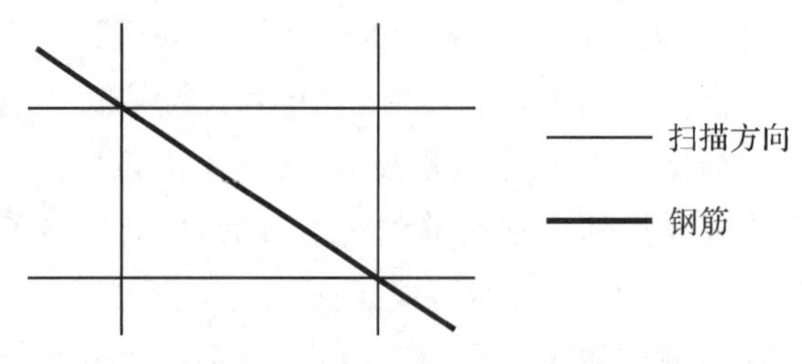

图 11-6 多点扫描确定钢筋走向

(5)快慢结合。离钢筋较远时,探头移动速度可以快一点;当接近钢筋正上方时,要缓慢移动,并在钢筋正上方附近来回移动,以准确确定钢筋位置和混凝土保护层厚度。

(6)选择干燥的位置检测。混凝土的导电率 ε 和密度 ρ 主要受其含水量的影响,含水量越高,ε 越大,ρ 越小,信号的衰减越大,精度也越差。

(7)避开无关钢筋的干扰。测竖向钢筋时,要先扫描横向钢筋,然后在相邻的两根横向钢筋之间布置测线,且尽量布置在两根横向钢筋的中间位置。扫描梁类构件时,还要避开弯筋、箍筋、拉接筋、腰筋等的干扰。被测钢筋与相邻钢筋的间距应大于 100mm,检测时应避开钢筋接头和绑丝。

(8)保护层很小(如小于 5mm)时,最好加一些光滑平整垫块(非铁磁性材料)进行检测;检测后把垫块厚度减去即可。

(9)钢筋直径测试。要求先准确定位钢筋,即探头必须在钢筋正上方,否则测试结果要大于实际值,因此现场应至少测试 3 次并选择最小值为钢筋直径。

(10)混凝土保护层厚度测试。先查阅相关设计资料确定钢筋布置和钢筋直径后再测试,若无相关设计资料可查,要先测试确定钢筋布置和钢筋直径,再测试混凝土保护层厚度,以减小测试误差。

(11)必要时用钻孔、剔凿等方法验证。

11.7　钢筋位置无损检测及数据处理

(1)分别采用以下三种方式测试钢筋混凝土试件的钢筋直径及混凝土保护层厚度,并对比分析测试精度:

①按未知钢筋直径,检测钢筋直径和保护层厚度;

②假设钢筋直径,测试混凝土保护层厚度;

③先按未知直径检测钢筋直径,然后输入检测所得直径,再次测试混凝土保护层厚度。

(2)采用网格扫描功能,初步确定试件内部钢筋的分布情况。

(3)凿开试件,进行现场验证。

11.8　课后思考

1. 测量钢筋直径的两种方法分别适用于什么情况?

2. 钢筋的无损检测方法主要有红外线扫描检测法、射线照相检测法、雷达波反射法和电磁感应法,它们的区别与适用情况分别是什么?

3. 信号指示读取的趋势条反映了什么?

试验原始记录纸

试验记录表

试验项目名称：钢筋位置的检测试验　　试验日期：__________

试验操作者：__________　测读者：__________　数据记录者：__________

第 12 章　钢筋锈蚀的检测试验

12.1　试验目的

(1)了解钢筋锈蚀无损检测的意义和原理(半电池电位法)。

(2)掌握熟悉钢筋锈蚀检测仪的使用方法。

(3)测试实际构件内部钢筋的锈蚀程度,并进行评定。

案例 12-1

12.2 试验设备和仪器

12.2.1 钢筋锈蚀检测仪

案例 12-2

钢筋锈蚀检测仪主要包括参比电机和测试主机，如图 12-1 所示。参比电极用于连接混凝土表面与测试主机，测试主机另一端导线连接待测钢筋。

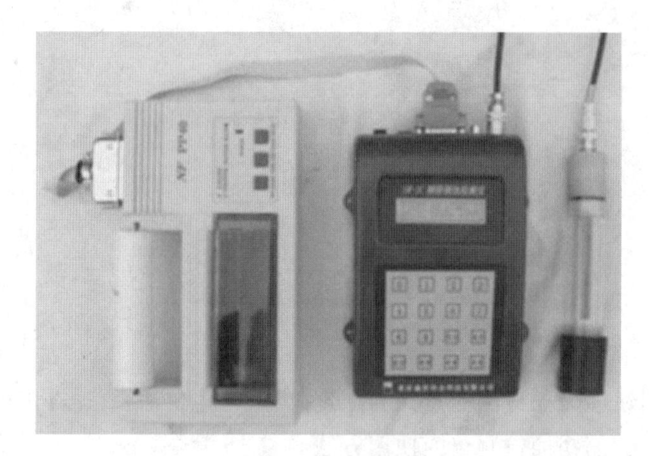

图 12-1 钢筋锈蚀检测仪 SW－3C

12.2.2 钢筋混凝土试件

试件为钢筋混凝土梁，待测钢筋需裸露出来一小段。

12.3 钢筋锈蚀机理

案例 12-3

电化学腐蚀是混凝土中钢筋腐蚀的根本原因。电化学腐蚀必须具备两个条件：一是钢筋表面形成电位差，即在钢筋表面不同电位区段形成阳极与阴极；二是阳极部位的钢筋表面处于活化状态，可以自由地释放电子，在阴极部位的钢筋表面存在足够的水和氧气。

由于钢筋材质和表面的非均匀性，在钢筋表面总有可能形成电位差，因此在潮湿的环境下就可以发生电化学反应。反应过程如下：

案例 12-4

阳极反应：$2Fe-4e^{-}\longrightarrow 2Fe^{2+}$

阴极反应：$O_2+2H_2O+4e^{-}\longrightarrow 4OH^{-}$

综合反应：$2Fe+O_2+2H_2O\longrightarrow 2Fe^{2+}+4OH^{-}$

$Fe^{2+}+2OH^{-}\longrightarrow Fe(OH)_2$

$4Fe(OH)_2+O_2+H_2O\longrightarrow 4Fe(OH)_3$

$2Fe(OH)_3\longrightarrow 2H_2O+Fe_2O_3\cdot H_2O$

混凝土内钢筋的锈蚀是一种金属的电化学腐蚀过程，它总是以金属的腐蚀电池的形式出现。按照金属腐蚀学的基本理论，腐蚀电池可以分为两大类：宏观腐蚀电池和微观腐蚀电池。

微电池锈蚀就是钢筋锈蚀时，其表面形成许许多多微小的阴极与阳极(阴阳极间形成原电池)，并且阴极与阳极的位置不固定，始终处于不断变化之中。混凝土中钢筋锈蚀微电池的原因一般是金属化学成分不均匀、物理状态不均匀、钢筋表面钝化膜完整性不同等。微电池锈蚀的结果一般是使钢筋截面均匀减少，因此结构性能退化时间较长，并且有一定的先兆。一般情况下，在没有裂缝的碳化构件和氯离子含量较高的掺盐构件中，钢筋锈蚀都属于微电池锈蚀。

宏电池锈蚀的表现是钢筋锈蚀时其表面形成明显的阳极与阴极区域，并且位置固定；随着锈蚀的进行，钢筋阳极区域的金属成分不断减少，而其他区域钢筋基本不变。同时宏电池锈蚀发生时，阳极区域的面积一般远小于阴极区域的面积，这样锈蚀发生时就造成阳极局部钢筋截面急剧减小，结构构件局部出现承载力不足，从而使整个结构破坏。有关文献指出，氯离子侵蚀的构件中，宏电流引起的钢筋锈蚀速率每年可达 0.5～1mm；从这个数据来看，宏电池锈蚀出现到结构破坏的时间要比微电池锈蚀使结构破坏时间短很多，从这个意义上讲，宏电池锈蚀对结构的危害较大。混凝土中形成宏电池锈蚀的情况也是经常存在的，如混凝土表面出现裂缝、混凝土内不同金属间的连接以及氯离子的局部侵蚀等都可能引起钢筋的宏电池锈蚀。

混凝土中钢筋锈蚀电池如图 12-2 所示。

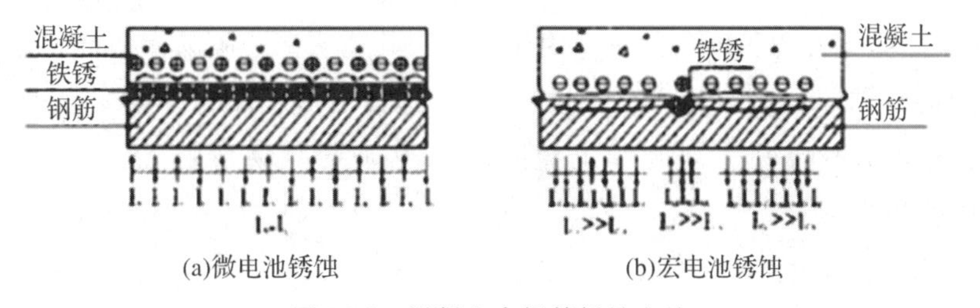

(a)微电池锈蚀　　(b)宏电池锈蚀

图 12-2　混凝土中钢筋锈蚀电池

案例 12-5

在通常情况下，混凝土是一种高碱性物质（pH 值约在 13），钢筋在这种环境下，表面迅速形成一层氧化铁钝化膜，膜厚 200～600nm。该膜内部是一种致密、稳定的晶格结构，水和氧气不能渗透过去，内部无法形成腐蚀电池；而且，即使阴极区有足够的水和氧气，也会因为该钝化膜抑制了铁离子的释放、阻止了阳极反应，进而避免电化学反应的发生。很显然，混凝土的正常碱度能很好地阻止钢筋锈蚀，并且碱度越高，钝化膜的稳定性和对钢筋的保护性能就越好。但酸性物质和氯化物都有可能引起钢筋钝化膜的破坏，导致钢筋被腐蚀。

12.3.1 碳酸化腐蚀

混凝土碳酸化是大气中的二氧化碳气体与混凝土中的碱性氢氧化物相互作用的结果。二氧化碳像氯化物、二氧化硫等气体一样，都能溶于水形成一种酸。但二氧化碳气体溶于水形成的碳酸与其他绝大多数的酸（如盐酸、硫酸等）不同，它不侵蚀混凝土的水泥石基体，而仅与混凝土微孔水中的碱发生中和反应，生成碳酸钙，沉积于微孔的内壁上：

$$CO_2 + H_2O \longrightarrow H_2CO_3$$

$$H_2CO_3 + Ca(OH)_2 \longrightarrow CaCO_3 + 2H_2O$$

随着微孔中氢氧化钙消耗和生成碳酸钙在水溶液中的沉淀，微孔水溶液的 pH 值会明显降低。通常情况下，混凝土中液相的 pH 值为 12～12.5，可使钢筋钝化。但碳酸化后当 pH 值降到一定程度时（一般情况下 pH<11 时），钢筋的钝化膜将遭到破坏，钢筋裸露出来后将发生电化学腐蚀。表 12-1 是不同 pH 值下的钢筋腐蚀状态对应表。

表 12-1 不同 pH 下的钢筋腐蚀状态对应表

pH	钢筋锈蚀状态
<9.5	开始腐蚀
8.0	钢筋表面钝化膜消失
<7.0	严重腐蚀

12.3.2 氯化物的腐蚀

氯化物是最易促使混凝土中钢筋去钝化的物质。当钢筋周围的混凝土孔隙中氯离子（Cl^-）浓度达到某临界值时（0.1%），由于 Cl^- 比其他阴离子更易渗入钝化膜与铁离子结合为易溶的铁与氧的复合物——绿锈。因此，即使混凝土碳化深度还很浅，钢筋周围的混凝土孔隙仍具有高碱性，钝化膜也会被破坏，因此氯化物是最会影响钢筋混凝土建筑物耐久性的物质。

氯离子进入混凝土对钢筋锈蚀产生的主要作用如下：

（1）破坏钝化膜。研究与实践表明，当混凝土液相中氯离子、氢氧根离子当量浓度比值大于 0.6 时，钢筋去钝化，发生锈蚀。如果在大面积钢筋表面具有高浓度氯化物，则氯化物引起的腐蚀可能是均匀腐蚀，但是实际构件中常发生局部腐蚀，即点(坑)蚀。

(2)形成腐蚀电池。氯离子对钢筋表面钝化膜的破坏首先发生在局部，使这些部位的钢筋裸露，与尚完好的钝化膜区域之间形成电位差，铁基体作为阳极而受腐蚀。腐蚀电池作用的结果是钢筋点蚀部位发展迅速。

(3)氯离子阳极去极化作用。在氯离子的催化作用下，钢筋表面腐蚀阳极反应的产物 Fe^{2+} 被及时地“搬运”出去，不使其在阳极区域堆积下来，从而加速阳极反应过程。通常把使阳极过程受阻者，称为阳极极化作用。而加速阳极过程者，称为阳极去极化作用。

(4)氯离子的导电作用。腐蚀电池的要素之一是要有离子通路。混凝土液相中氯离子及钠离子(Na^{2+})、钙离子等阳离子的存在，强化了离子通路，降低了钢筋腐蚀电池阴、阳极之间的混凝土电阻，相对提高了腐蚀电流，加快了腐蚀电池的效率，有利于电化学腐蚀进程。

Cl^- 离子参与钢筋锈蚀过程的主要反应如下：

$$Fe \longrightarrow Fe^{2+} + 2e$$

$$Fe^{2+} + 2Cl^- + 4H_2O \longrightarrow FeCl_2 \cdot 4H_2O$$

$$FeCl_2 \cdot 4H_2O \longrightarrow Fe(OH)_2 \downarrow + 2Cl^- + 2H^+ + 2H_2O$$

$$4Fe(OH)_2 + O_2 + 2H_2O \longrightarrow 4Fe(OH)_3 \downarrow$$

由以上反应式可知，氯离子在钢筋腐蚀过程中，其本身并不被消耗，只起到加速腐蚀过程的催化作用——破坏钝化膜和搬运 Fe^{2+}。

北方地区冬天撒铺大量的除冰盐，以及施工中使用早强剂、防冻剂等都将引入氯化物。另外，滨海地区的水工建筑物由于直接与海水接触，氯离子将渗入混凝土。这些情况都将引起氯离子对钢筋锈蚀的催化作用加速。

12.4　钢筋锈蚀无损检测的工作原理

12.4.1　钢筋锈蚀无损检测方法概述

案例 12-6

国内外研究者在混凝土中钢筋锈蚀无损检测领域做了大量的研究工作。目前，混凝土中钢筋锈蚀的非破损检测方法主要有分析法、物理法和电化学方法三大类。

分析法是根据现场实测的钢筋直径、保护层厚度、混凝土强度、有害离子的浸入深度及其含量、纵向裂缝宽度等数据，综合考虑构件所处的环境情况推断钢筋锈蚀程度。

物理法主要通过测定钢筋引起的电阻、电磁、热传导、声波传播等物理特性的变化来反映钢筋锈蚀情况。其主要方法有电阻探针法、涡流探测法、射线法、红外线热像法、声发射探测法和光纤传感技术法等。①电阻探针法是在混凝土中埋入与钢筋同材质的电阻探针，利用探针的电阻与其截面积成反比的关系，通过平衡电桥测量探针的电阻，而电阻的变化可以变换成腐蚀的深度。②涡流探测法是通过测定励磁电流与发生在钢筋内的次生波的相位关系来判断钢筋锈蚀状况。③射线法是拍摄混凝土中钢筋的 x 射线或 γ 射线照片，直接观察钢筋的锈蚀情况。④红外热像法是通过测量混凝土表面的温度分布图分析钢筋锈蚀位置和程度。国外曾尝试将红外热像法和 γ 射线法用于现场监测。⑤声发射探测法是利用传感器接收钢筋锈蚀引起周围混凝土开裂释放的弹性应力波，确定钢筋发生锈蚀膨胀的确切位置。⑥光纤传感技术由于充分利用了光纤径细、质轻、抗强电磁干扰、抗腐蚀、耐高温、集信息传感与传输于一体、可集成于混凝土结构中等一系列优点，在机敏土建结构中受到极大重视，已能用于监测土建结构内部的温度、应力、应变、裂纹等物理参量。而在钢筋腐蚀监测方面，也有多种方案见诸报道。但总体来说，物理法主要还停留在实验室阶段。

混凝土中钢筋锈蚀是一个电化学过程。电化学方法是反映钢筋锈蚀程度的有力手段。作为一种非破损方法，具有测试速度快、灵敏度高、可连续跟踪和原位测量等优点，且可通过钢筋锈蚀状态和瞬时锈蚀速度的测量，预测其服役寿命。

表 12-2 是几种钢筋锈蚀状况检测方法的比较。

表 12-2　钢筋锈蚀状况检测方法的比较

检测方法	测试速度	准确性	连续跟踪、原位测量	检测形式	现场检测
分析法	慢	高	否	破损	是
物理法	慢	较高	是	非破损	否
电化学法	快	高	是	非破损	是

电化学方法因设备简单、测量精度高且适用于现场检测而越来越受到人们的重视，已成为钢筋无损检测的发展方向。表 12-3 给出了常用电化学检测方法在测量速度、响应快慢、定性/定量、损坏性、测量参数、干扰程度应用情况及适用性等方面的比较。

表 12-3　常用电化学检测方法的比较

	电位图法	混凝土电阻法	电化学阻抗法	线性极化法	护环法	电化学噪声法	恒电量法
测量速度	快	快	较慢	快	快	较慢	快
响应速度	快	快	快	快	快	快	快
定性/定量	定性	定性	定量	定量	定量	半定量	定量
损坏性	无	无	无	无	无	无	无
干扰程度	无	小	较小	小	小	无	微小
测量参数	腐蚀的可能性	腐蚀的可能性	i_{corr} 及腐蚀机理的研究	i_{corr}	i_{corr}	i_{corr}	i_{corr}
应用情况	广泛	一般	一般	广泛	广泛	较少	较少
适用性	实验室、现场	—	实验室	现场	现场	—	现场

12.4.2　半电池电位法及其检测原理

对混凝土中钢筋锈蚀状态的无损检测，最常用的是半电池电位法。其最大优点是通过测量不同点处的电位值，绘制出等电位图，由此可判断图中电位最负处和等电位线较密集处(即电位梯度较大处)为阳极区，周围是阴极区；可判断结构锈蚀区和非锈蚀区及大致的腐蚀程度，还可判断钢筋腐蚀的类型(坑腐蚀或均匀腐蚀)。半电池电位法无法定量反映钢筋锈蚀速率，但该方法测试过程简单，发展较为成熟，有广阔的应用前景。

钢筋在混凝土中锈蚀是一种电化学过程。此时，在钢筋表面形成阳极区和阴极区。在这些具有不同电位的区域之间，混凝土内部将产生电流，钢筋和混凝土的电学活性可以看作是半个弱电池组，钢筋的作用是一个电极，而混凝土是电解质。这就是半电池电位检测法的名称来由。

半电池电位法是利用"Cu＋$CuSO_4$ 饱和溶液"形成的半电池(或其他参比电极)与"钢筋＋混凝土"形成的半电池构成的一个全电池系统。由于"Cu＋$CuSO_4$ 饱和溶液"的电位值相对恒定，而混凝土中钢筋因锈蚀产生的化学反应将引起全电池的变化，因此电位值可以评估钢筋锈蚀状态。

12.5　钢筋锈蚀无损检测的检测方法

12.5.1　测区的选择与测点布置

案例 12-7

应选择有迹象表明钢筋已锈蚀或可能锈蚀的有代表性的结构部位作为测区。在测区上一般布置 20cm×20cm 的测试网格，节点为测点。若相邻测点的读数相差 150mV(高锈蚀活动区)，需减小测点间距。测点距试件边缘的最小距离应大于 5cm。

12.5.2　测试系统

案例 12-8

钢筋锈蚀测试系统的连接方法如图 12-3 所示。

1. 混凝土表面的处理

为降低接触电阻，实现可靠测读，应去除测区混凝土表面的涂料、沥青、浮浆、油污、尘土等。去除方法是用砂纸或钢丝刷在混凝土表面打磨，同时将打磨掉的粉尘杂物彻底除尽。当混凝土表面局部有缺陷、绝缘层、岩屑、裂缝、保护层剥落等情况时，检测应避开这些位置。

半电池电位法的原理要求混凝土成为电解质，因此必须对钢筋混凝土构件的表面进

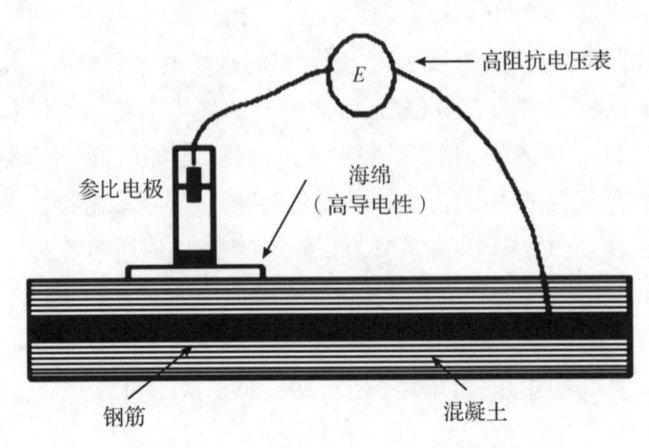

图 12-3　钢筋锈蚀测试系统的连接

行预先润湿。润湿的具体方法是：检测前，采用 95mL 家用液体清洁剂与 19L 饮用水充分混合，配制 Cu＋$CuSO_4$ 饱和溶液，用配制的液体润湿混凝土结构表面，保持检测时混凝土结构表面的湿润性，但不能存有自由水。

2. 系统的连接

钢筋锈蚀测定仪的一端与混凝土表面接触，参比电极下可加设高导电性的海绵，另一端与钢筋相连。当钢筋露出结构以外时，可以方便地直接连接；否则，需要首先利用钢筋定位仪的无损检测方法确定一根钢筋的位置，然后凿除钢筋保护层部分的混凝土，使钢筋外露，再进行连接。导线与钢筋的连接有两种方法：一种是与处于暴露的钢筋连接时，应使钢筋表面与混凝土脱开，用砂纸和钢丝刷清除钢筋上的残留混凝土和氧化层，如果此处钢筋已生锈，则要打磨去除锈蚀物，然后将加压型鳄鱼夹夹接在已处理好的钢筋上。另一种是在钢筋上钻一个小孔并拧上螺丝，将导线焊接在钉帽上或直接将加压型鳄鱼夹夹在钉帽上，这种方法对于电接触来说优于第一种方法，但便利性不及第一种方法。

如果在远离钢筋连接点的地方进行测量，则必须先检查接点与测区下面钢筋是否连接。

根据半电池电位法的测试原理，为了保证电路闭合以及钢筋的电阻足够小，测试前应使用电压表检查测试，保证测试区内任意两根钢筋之间的电势差小于 1mV，即每一测区至少要暴露两处钢筋。

12.5.3　测试与读数

用钢筋锈蚀测定仪逐个读取每条测线上各测点的电位值，再至少观察 5min，电位读数保持稳定且浮动不超过±2mV 时，即认为电位稳定，可以记录测点电位。

12.5.4　钢筋锈蚀程度的评价标准

钢筋锈蚀程度的评价应依据腐蚀电位评判标准如表 12-4 所示。

表 12-4　腐蚀电位评判标准

标准名称	测试方法	判别标准/mV
ASTMC876－91	单电极法	＞－200,5％腐蚀概率
		－200～－350,50％腐蚀概率
		＜－350,95％腐蚀概率
JGJ/T 152－2019	单电极法	＞－200,不发生锈蚀的概率＞90％
		－200～－350,锈蚀性状不确定
		＜－350,发生锈蚀的概率＞90％

12.5.5　现场检测的注意事项

半电池电位法在检测混凝土钢筋锈蚀状态上已经被广泛应用,但要运用该方法很好地解决工程中的实际问题,还必须努力提高半电池电位法检测混凝土钢筋锈蚀状态的可靠性,因此需注意以下几点:

(1)采用半电池电位法检测混凝土钢筋锈蚀状态时,被检测结构的半电池电位会随着润湿程度的增加逐渐稳定下来。为了加强润湿剂的渗透效果,缩短润湿结构所需的时间,应采用少量家用液体清洁剂加饮用水的混合液润湿效果较好,仅需约 15min 就可以达到电位稳定。

(2)半电池电位法测量过程中要严格遵照操作规程。环境相对湿度、水泥品种、水灰比、保护层厚度、氯离子含量、碳化深度等因素都会对测量结果产生影响,原因在于高阻抗的混凝土表面会使其表面负电势降低,从而难以确定钢筋实际锈蚀情况。

(3)测试结果的温度修正。钢筋的电极电位受环境温度的影响,电极的温度系数一般为 0.9mV/℃,测试时要测量环境温度,如果环境温度在 22±5℃范围之外,要按以下两式对测点的电位值进行温度修正:

$$V_i=0.9(T_i-27.0)+V_{iR}\ (T_i\geqslant 27℃) \tag{12-1}$$

$$V_i=0.9(T_i-17.0)+V_{iR}\ (T_i\leqslant 17℃) \tag{12-2}$$

式中:V_i——温度修正后的电位值(mV);

V_{iR}——温度修正前的电位值(mV);

T_i——环境温度(℃)。

(4)特殊情况处理。检测角区钢筋时,应多次旋转传感器,使参比电极与混凝土表面完全接触。对于壳体或其他形状不规则的结构,应在传感器下垫更多的海绵垫,以保证传感器与混凝土表面完全接触。

(5)应结合工程安全检测,开展对比检查分析。将钢筋锈蚀状态检测结果与混凝土碳化深度检测结果及钢筋保护层厚度检测结果进行对比分析,从中找出相关关系。同时凿除少量测点进行对比检查,积累经验,从而提高评价钢筋锈蚀状态的可靠性。

12.5.6　锈蚀电位与锈蚀电流密度的近似关系

有文献中对检测得到的 168 组钢筋锈蚀电位与锈蚀电流密度进行最小二乘法拟合,

其散点分布与拟合曲线如图 12-4 所示。

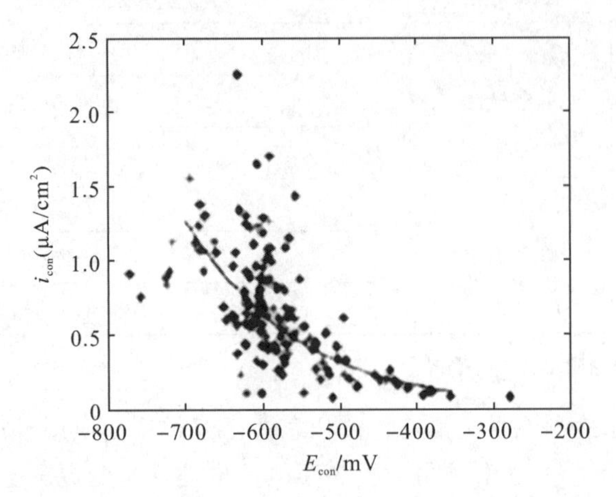

图 12-4　锈蚀电位和锈蚀电流密度的散点分布与拟合曲线

根据图 12-4 得到拟合式：

$$i_{con}=0.0074e^{-0.0072E_{con}} \tag{12-3}$$

且通过对另一文献中的 121 试验数据拟合，得到拟合曲线(见图 12-5)，拟合式：

$$i_{con}=0.0073e^{-0.0077E_{con}} \tag{12-4}$$

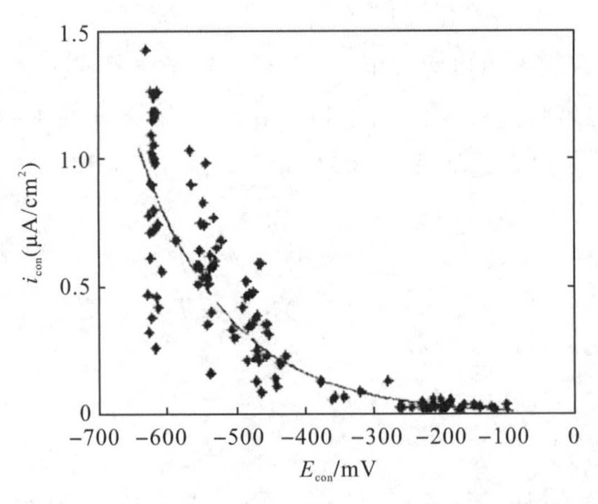

图 12-5　锈蚀电位和锈蚀电流密度的散点分布与拟合曲线

两试验数据拟合得到的公式几乎一致，说明钢筋锈蚀电位和锈蚀电流密度间存在着经验拟合关系。

此拟合公式对腐蚀电位在－550mV 以下，拟合值较接近线性极化法测得的腐蚀电流密度，在－200mV 以上时，误差较大。在要求不是很高的工程中，为了节约时间，也可直接用测得钢筋锈蚀的电位(对 CSE 电极)，依据经验公式(12-4)得到钢筋锈蚀速率。

依据测得的腐蚀电流，对应的钢筋锈蚀程度如表 12-5 所示。

表 12-5　腐蚀电流与钢筋锈蚀程度的对应关系

腐蚀电流(μA/cm^2)	$i_{con}<0.1$	$0.1<i_{con}<0.5$	$0.5<i_{con}<1.0$	$i_{con}>1.0$
锈蚀情况	无锈蚀	低锈蚀	中等锈蚀	严重锈蚀

12.6　课后思考

1. 简述钢筋锈蚀的破坏机理。
2. 钢筋锈蚀无损检测的方法有哪些？分别简述这些方法的优缺点和适用范围。
3. 简述半电池电位法的检测原理和具体流程。

试验原始记录纸

试验记录表

试验项目名称：钢筋锈蚀的检测试验　试验日期：__________

试验操作者：__________　测读者：__________　数据记录者：__________

第 13 章　砌体砂浆强度的原位无损检测试验

13.1　试验目的

案例 13-1

(1)了解砂浆强度检测的意义和原理。

(2)熟悉贯入式砂浆强度检测仪的使用方法。

(3)测试实际构件中砂浆的强度。

13.2　试验设备和仪器

13.2.1　砂浆强度检测仪

贯入式砂浆强度检测仪的主要功能:测量砂浆的抗压强度、评估砂浆的强度等级、测量贯入深度,并记录、存储和分析测试数据。其是建筑和施工行业中重要的质量控制工具,如图 13-1 所示。

贯入式砂浆强度检测仪的主要技术指标如下:

(1)贯入力:800±8N。

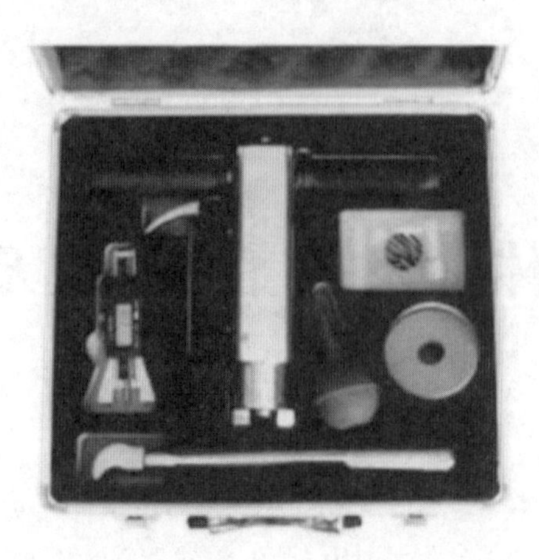

图 13-1　贯入式砂浆强度检测仪 SJY800A 型

案例 13-2

(2)工作冲程:20±0.1mm。

(3)量程:20±0.01mm。

(4)量规槽:39.5mm。

(5)测定长度:40±0.10mm。

(6)测定直径:3.5±0.05mm。

(7)测定测钉尖端锥度:45°±0.5。

(8)测量表分度值:0.01mm。

13.2.2　砂浆试块及砂浆砌体结构

试验所用的砌体墙长×高×厚=2500mm×1800mm×240mm 采用梅花丁的砌筑方式。

13.3　砂浆强度检测的意义

案例 13-3

砌体结构因造价较低而在民用多层建筑中得到广泛应用。砌体由块体和砂浆组砌而成,通常块体的强度高于砂浆,因而砌体的损坏大多首先在砂浆中产生。砂浆强度检测的意义主要包括质量控制、施工工艺优化、质量评估和验收、故障分析和改进,以及研究和开发。通过检测砂浆的强度,可以确保建筑结构的质量和安全性,优化施工过程,评估工程质量,分析故障原因,推动砂浆材料的创新发展。

因此,对砌体中砂浆强度的检测应用越来越广。快速准确地进行砂浆强度检测,有着重要的工程价值。

13.4　砂浆强度检测的工作原理

案例 13-4

贯入法检测砂浆强度时，根据测钉贯入砂浆的深度与砂浆抗压强度间的相关关系，采用压缩工作弹簧加荷，把一测钉贯入砂浆中，通过测强曲线将测钉的贯入深度换算成砂浆强度的一种新型现场检测方法。

13.5　砂浆强度检测的步骤

案例 13-5

13.5.1　测试前的准备工作

(1)仪器准备。

(2)构件表面的处理:应清洁、平整、无污物。

13.5.2　测区和测点的布置

(1)检测砌筑砂浆抗压强度时，应以面积不大于 $25m^2$ 的砌体或构筑物为一个构件。

(2)按批抽样检测时，应取龄期相近的同楼层、同品种、同强度等级砌筑砂浆且不大于 $250m^2$ 砌体为一批，抽检数量不应少于砌体总构件数的 30%，且不应少于 6 个构件。基础楼层可按一个楼层计。

(3)被检测灰缝应饱满，厚度不应小于 7mm，并应避开竖缝位置、门窗洞口、后砌洞口和预埋件的边缘。

(4)多孔砖砌体和空斗墙砌体的水平灰缝深度应大于 30mm。

(5)检测范围内的饰面层、粉刷层、勾缝砂浆、浮浆和表面损伤层等，应清除干净;应使待测灰缝砂浆暴露在外并打磨平整后再进行检测。

(6)每一构件应测试 16 点。测点应均匀分布在构件的水平灰缝上，相邻测点水平间距不宜小于 240mm，每条灰缝测点不宜多于 2 点。

(7)制定方案:根据工程施工现场情况，制定检测方案，确定检测部位。

13.5.3 砂浆强度检测的工作步骤

案例 13-6

(1)用砂轮片将砌缝表面打磨平整。

(2)将测钉插入贯入仪的测钉座中,测钉尖端朝外,固定好测钉。

(3)一只手握住贯入仪主机扁头,另一只手将加力杆插头插入贯入仪后部的加力槽中,插头的直角台阶紧贴主机背面,手握住加力杆末端,然后两手向内侧用力,当发现扳机晃动一下,表明贯入仪挂钩已挂上,放下加力杆,这时贯入仪便可进入下面的检测了。

(4)检测时,一只手水平托住贯入仪,让贯入仪的扁头与打磨平整的砌缝表面接触上,另一只手扣动扳机,贯入仪自由释放能量,这样就完成了一次检测。移开贯入仪及测钉,用吹风器吹一下测孔。

(5)用深度测量表测量测孔的深度,从表盘上直接读取测量表显示值,并记录在记录表中。贯入深度按下式计算:

$$d_i = d_i' - d_i^o \tag{13-1}$$

式中:d_i'——第 i 个测点贯入深度测量表读数,精确至 0.01mm;

d_i——第 i 个测点贯入深度值,精确至 0.01mm;

d_i^o——第 i 个测点贯入深度测量表中不平整度读数,精确至 0.01mm。

(6)这样就完成了一次完整的检测工作,由此可计算砂浆强度。

13.6 砂浆强度检测的注意事项

每次试验前,应清除测钉上附着的水泥灰渣等杂物,同时用测钉量规检验测钉的长度;测钉能够通过测钉量规槽时,应重新选用新的测钉。

操作过程中,当测点处的灰缝砂浆存在空洞或测孔周围砂浆不完整时,该测点作废,另选测点补测。

13.7　砂浆强度数据处理

案例 13-7

13.7.1　测试深度值计算

对于 16 个深度值，舍去其中 3 个最大值和 3 个最小值，由余下的 10 个中间值（$i=1,2,3,\cdots,10$），计算测试深度平均值：

$$m_{dj}=\frac{1}{10}\sum_{i=1}^{10}d_i \tag{13-2}$$

式中：m_{dj}—— 实测第 j 个测区砂浆贯入深度代表值，精确至 0.01mm；

d_i—— 第 i 个测点贯入深度值，精确至 0.01mm。

13.7.2　砂浆强度值计算

根据计算所得的构件贯入深度平均值，可按不同的砂浆品种查得砂浆抗压强度换算值，其他品种的砂浆可建立专用测强曲线进行检测。有专用测强曲线时，砂浆抗压强度换算值的计算应优先采用专用测强曲线。

根据块体种类、砂浆来源、砂浆种类、砂浆品牌和测区砂浆贯入深度代表值 d_m，按下列测强曲线计算砌筑砂浆构件或抹灰砂浆测区砂浆抗压强度换算值 $f^c_{2,j}$（精确至 0.1MPa）。

（1）烧结砖砌体、非预拌水泥混合砌筑砂浆：

$$f^c_{2,j}=101.43m_{dj}{}^{-1.683} \tag{13-3}$$

（2）混凝土砌块（或砖）砌体、非预拌水泥混合砌筑砂浆：

$$f^c_{2,j}=131.54m_{dj}{}^{-1.944} \tag{13-4}$$

（3）加气混凝土砌块砌体、非预拌水泥混合砌筑砂浆：

$$f^c_{2,j}=464.35m_{dj}{}^{-2.740} \tag{13-5}$$

（4）烧结砖砌体、非预拌水泥砌筑砂浆：

$$f^c_{2,j}=70.74m_{dj}{}^{-1.583} \tag{13-6}$$

（5）混凝土砌块（或砖）砌体、非预拌水泥砌筑砂浆：

$$f^c_{2,j}=109.90m_{dj}{}^{-1.859} \tag{13-7}$$

（6）非预拌水泥石灰抹灰砂浆：

$$f^c_{2,j}=139.13m_{dj}{}^{-1.940} \tag{13-8}$$

（7）非预拌水泥抹灰砂浆：

$$f^c_{2,j}=82.36m_{dj}{}^{-1.710} \tag{13-9}$$

（8）专业厂家生产的湿拌抹灰砂浆：

$$f_{2,j}^{c} = 62.32 m_{dj}^{-1.526} \tag{13-10}$$

按批抽检时，按式(13-11) 计算同批砌筑砂浆、抹灰砂浆强度平均值，按式(13-12) 和式(13-13) 计算同批砌筑砂浆强度变异系数：

$$m_{f_2^e} = \frac{1}{n}\sum_{j=1}^{n} f_{2,j}^{c} \tag{13-11}$$

$$s_{f_2^e} = \sqrt{\frac{\sum_{j=1}^{n}(m_{f_2^e} - f_{2,j}^{c})^2}{n-1}} \tag{13-12}$$

$$\eta_{f_2^e} = s_{f_2^e} / m_{f_2^e} \tag{13-13}$$

式中：$m_{f_2^e}$—— 同批砌筑砂浆或抹灰砂浆抗压强度的平均值，精确至 0.1MPa；

$s_{f_2^e}$ —— 同批砌筑砂浆抗压强度换算值的标准差，精确至 0.01MPa；

$\eta_{f_2^e}$—— 同批砌筑砂浆抗压强度换算值的变异系数，精确至 0.01。

13.7.4 砂浆强度推定值

砌筑砂浆强度推定值 $f_{2,e}^{c}$，应按下列规定确定：

(1) 当按单个构件检测时，单个构件的砌筑砂浆强度推定值按下列公式计算：

$$f_{2,e}^{c} = 0.91 f_{2,j}^{c} \tag{13-14}$$

式中：$f_{2,e}^{c}$—— 砂浆抗压强度推定值，精确至 0.1MPa；

$f_{2,j}^{c}$—— 第 j 个构件的砂浆抗压强度换算值，精确至 0.1MPa。

(2) 当按批抽检时，应按下列公式计算，并取 $f_{2,e1}^{c}$、$f_{2,e2}^{c}$ 中的较小值作为该批构件的砌筑砂浆抗压强度推定值 $f_{2,e}^{c}$：

$$f_{2,e1}^{c} = 0.91 m_{f_2^e} \tag{13-15}$$

$$f_{2,e2}^{c} = 1.81 m_{f_{2,\min}^{c}} \tag{13-16}$$

式中：$f_{2,e1}^{c}$—— 砂浆抗压强度推定值之一，精确至 0.1MPa；

$f_{2,e2}^{c}$—— 砂浆抗压强度推定值之二，精确至 0.1MPa；

$m_{f_2^e}$—— 同批砌筑砂浆抗压强度换算值的平均值，精确至 0.1MPa；

$f_{2,\min}^{c}$—— 同批砌筑砂浆抗压强度换算值中的最小值，精确至 0.1MPa。

13.8 例题

某住宅楼为五层砖混构造，±0.00 以上墙体采用 MU10 承重多孔黏土砖，M7.5 混合砂浆砌筑。根据规定，对±0.00 以上、3.0m 以下墙体，作为一种检测单元，抽取 6 片墙体，凿除墙体粉刷层，用贯入法进行砌筑砂浆抗压强度级别推定。已查得砂浆抗压强度换算值见表 13-1(砂浆贯入法)。

案例 13-8

表 13-1　砂浆抗压强度

检测部位	测区	贯入深度平均值 m_{dj} /mm	抗压强度换算值 $f^{c}_{2,j}$
一层墙体	1	4.05	7.6
	2	4.00	7.8
	3	3.95	8.0
	4	3.98	7.9
	5	4.07	7.5
	6	4.02	7.7

13.9　课后思考

1. 简述贯入深度测量的操作程序。
2. 你认为贯入法检测砌筑砂浆抗压强度还有哪些可以优化的地方?

试验原始记录纸

试验项目名称：砌体砂浆强度的原位无损检测试验　　试验日期：__________

试验操作者：__________　测读者：__________　数据记录者：__________

1. 测试方案记录：

2. 贯入深度记录表：

测区	深度值(20－d_i)																
	1	2	3	4	5	6	7	8	9	10	11	12	13	14	15	16	d_m

3. 砂浆抗压强度换算值。

第 14 章　装配式建筑节点施工质量检测虚拟仿真实验

14.1　运行环境

14.1.1　运行环境

实验网址

推荐使用浏览器：火狐浏览器，Google Chrome 浏览器，360 浏览器（极速模式）；如何开启 360 浏览器极速模式（见图 14-1）。

图 14-1　打开 360 极速模式的方法

14.1.2　系统软、硬件配置

1. 电脑硬件要求

操作系统：Window 7 及以上；

内存：4G 及以上；

显卡：独立显卡，内存 3G 以上；

音频设备：麦克风；

硬盘:100GB;

推荐分辨率:1920×1080 像素;

网络带宽: 50MB 及以上。

案例 14-1

2. 操作要求

鼠标设备:实验需要鼠标滚轮实施操作;

麦克风:实验需要录制音频,请确保接入录音设备。

14.2 初始界面

本系统首页界面(见图 14-2)。

图 14-2 系统首页界面

(1)系统名称:装配式建筑节点施工质量检测虚拟仿真实验。

(2)系统版本:V2.0。

(3)界面模块:包含“实验简介”“开始实验”“理论考核”“实验报告”四个模块。

◈实验简介

点击“实验简介”会介绍本实验的相关信息:“实验目的”(见图 14-3)、“实验原理”(见

图 14-4)和“知识点”(见图 14-5)。

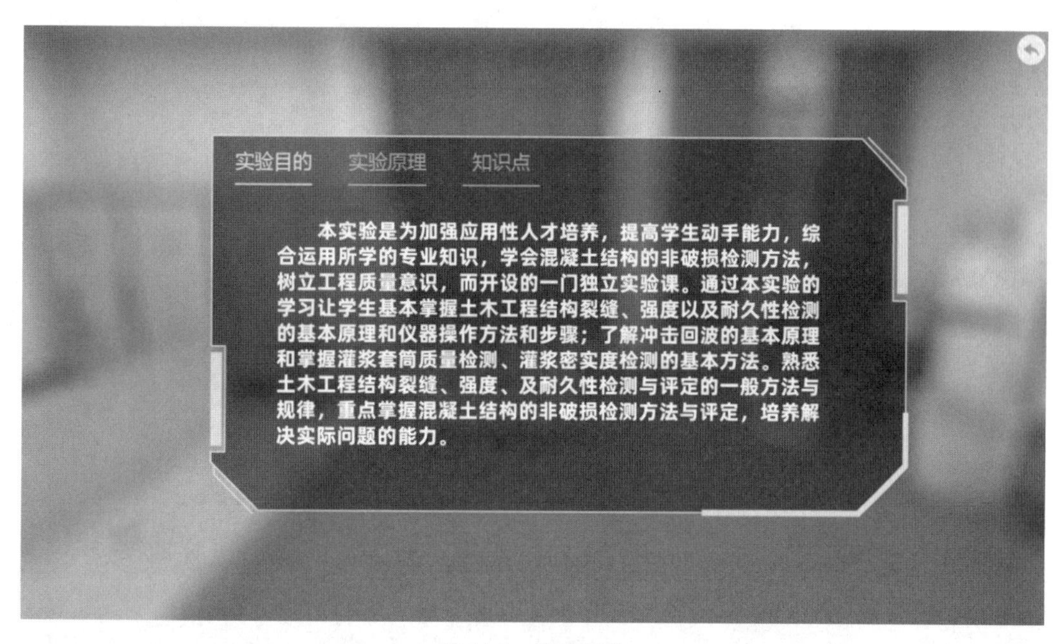

图 14-3　实验目的

图 14-4　实验原理

图 14-5　知识点

◈开始实验

点击“开始实验”会介绍实施本次实验的要求(见图 14-6)。

图 14-6　开始实验

◆理论考核

点击“理论考核”进行理论考核。

◆实验报告

实验结束时，系统会累计实验得分，提供实验报告。实验报告包括：各操作步骤记录、线上问题解答情况、实验总结。

14.3 开始实验

14.3.1 新手指导界面

刚进入“开始实验”界面，便弹出“新手指导”提示框，介绍本次实验界面的功能以及键盘鼠标的操作(见图 14-7 至图 14-9)。

图 14-7 “新手指导”提示框

图 14-8　菜单栏界面

图 14-9　提示框界面

14.3.2　菜单栏介绍

本次实验的菜单栏包含“问题交流”“声音设置”“历史记录”“联系老师”“实验报告”“提示帮助”“智能助手”“退出实验”(见图 14-10)。

图 14-10　菜单栏

◈问题交流

在实验中遇到问题或者需要讨论问题，可跳转页面到实验平台进行交流(见图 14-11)。

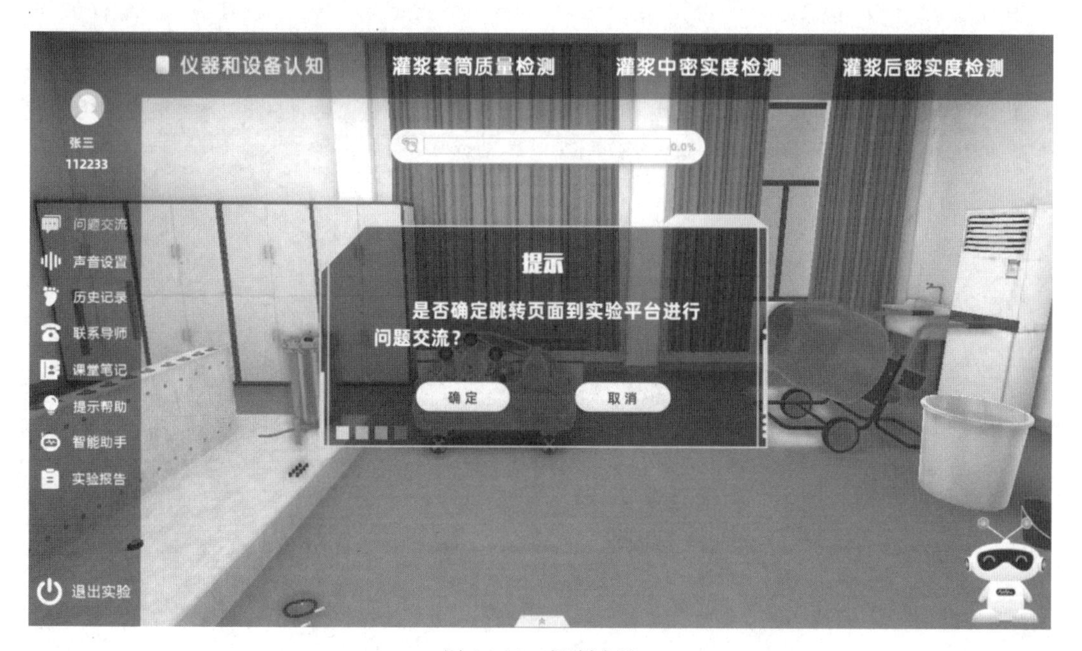

图 14-11　问题交流

◈声音设置

实验的背景音乐和音效设置可根据自身需求来调整(见图 14-12)。

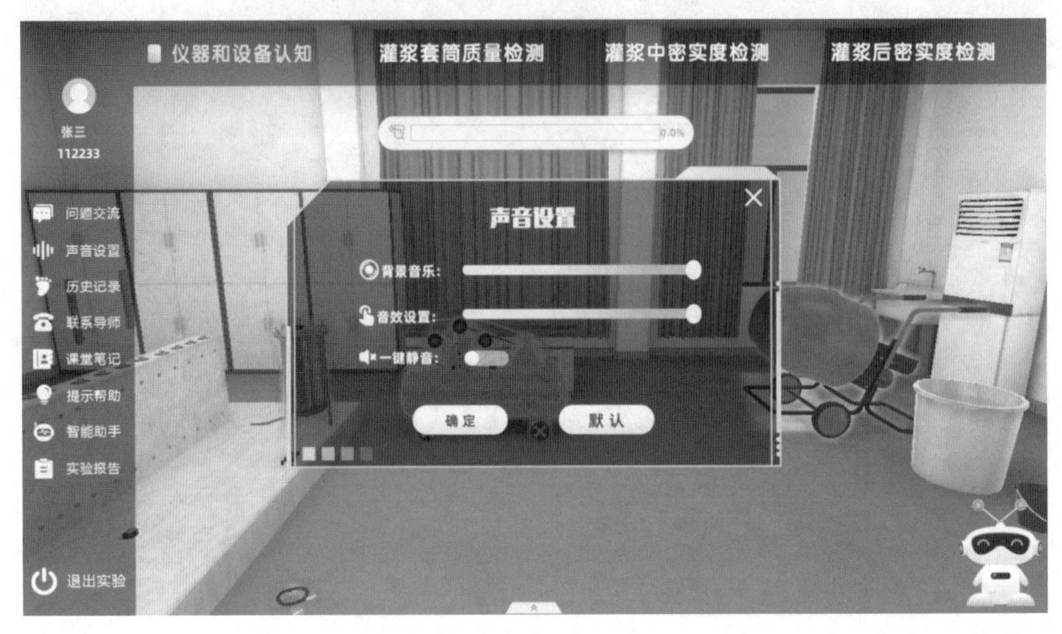

图 14-12　声音设置

◈历史记录

在实验中,如果中途有事退出实验时,可打开“历史记录”点击“新建存档”来存档用户的消息和当前步骤,方便下次打开实验继续进行实验(见图 14-13 至图 14-14)。

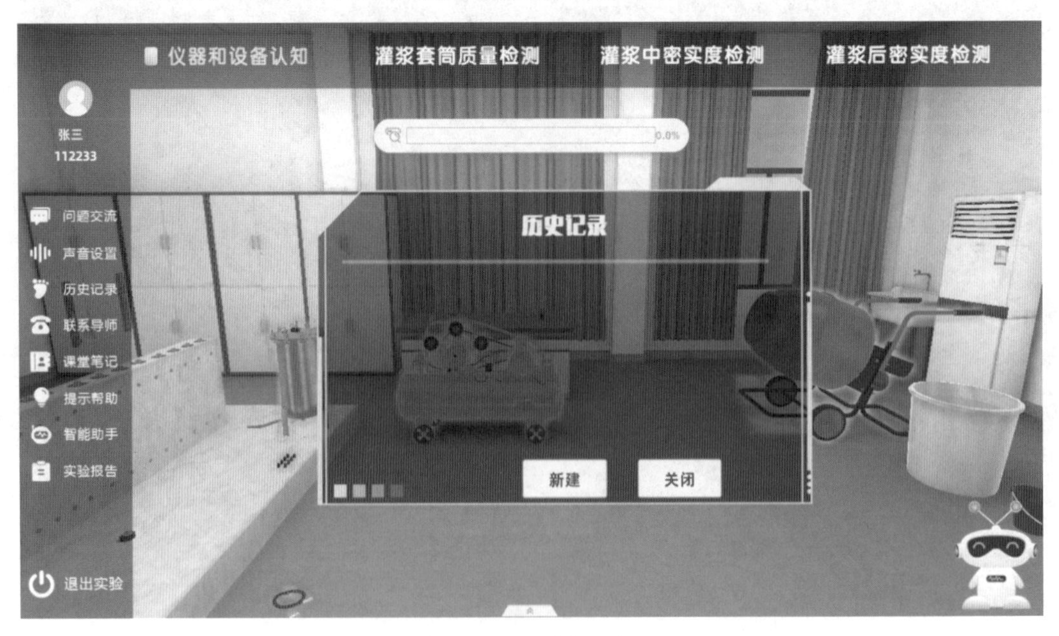

图 14-13　历史记录

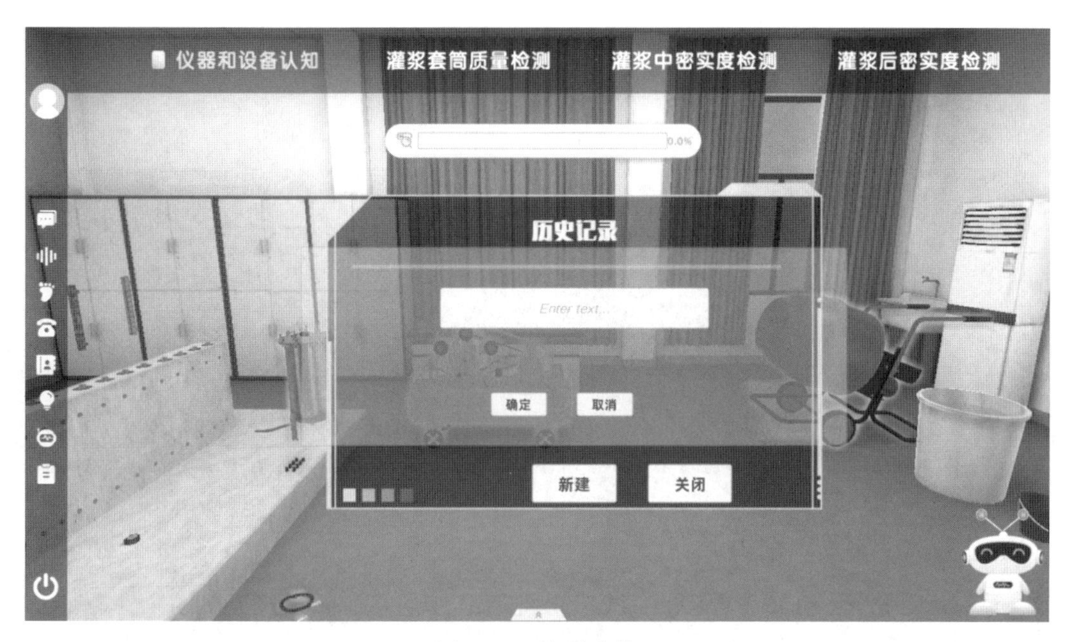

图 14-14　新建存档

◆联系老师

在实验中,遇到困难和疑问可咨询本实验负责的老师(见图 14-15)。

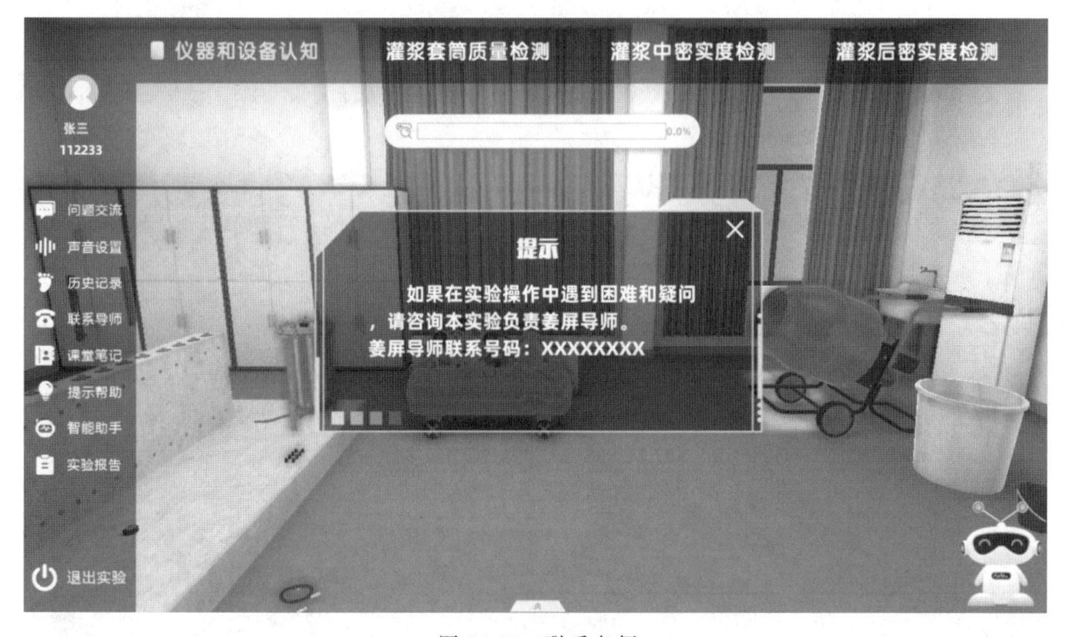

图 14-15　联系老师

◆实验报告

实验结束时,系统会累计实验得分,提供实验报告。实验报告包括:各操作步骤记录、线上问题解答情况、实验总结。

◈提示帮助

在实验中,点击“提示帮助”,可设置键盘和鼠标的操作方式(见图 14-16)。

图 14-16 提示帮助

◈智能助手

在实验中,点击“智能助手”(见图 14-17),智能助手的功能包括“工具箱”(见图 14-18)、“知识提示”和“测试数据”。

图 14-17 智能助手

图 14-18　工具箱

◆退出实验

退出实验时，会出现四种模式：提交成绩并退出、保存成绩并退出、直接退出和继续实验(见图 14-19)。

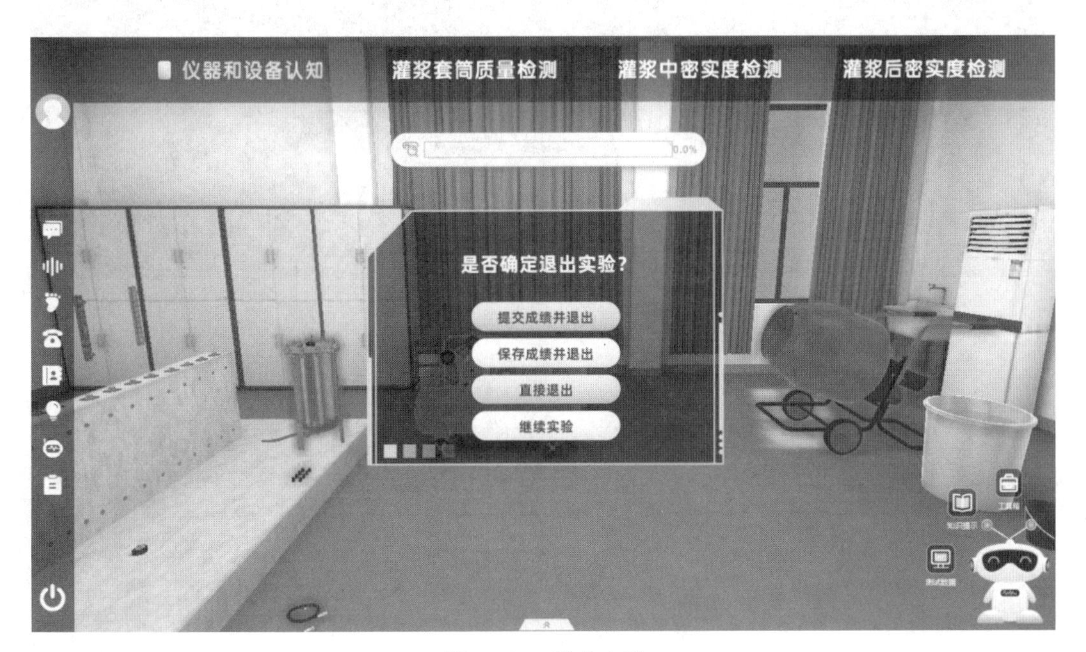

图 14-19　退出实验

14.4 实验内容

本次实验可分成四个步骤:仪器和设备认知、灌浆套筒质量检测、灌浆中密实度检测和灌浆后密实度检测。

14.4.1 仪器和设备认知

根据对话框中提示进行认知(见图 14-20 和图 14-21)。

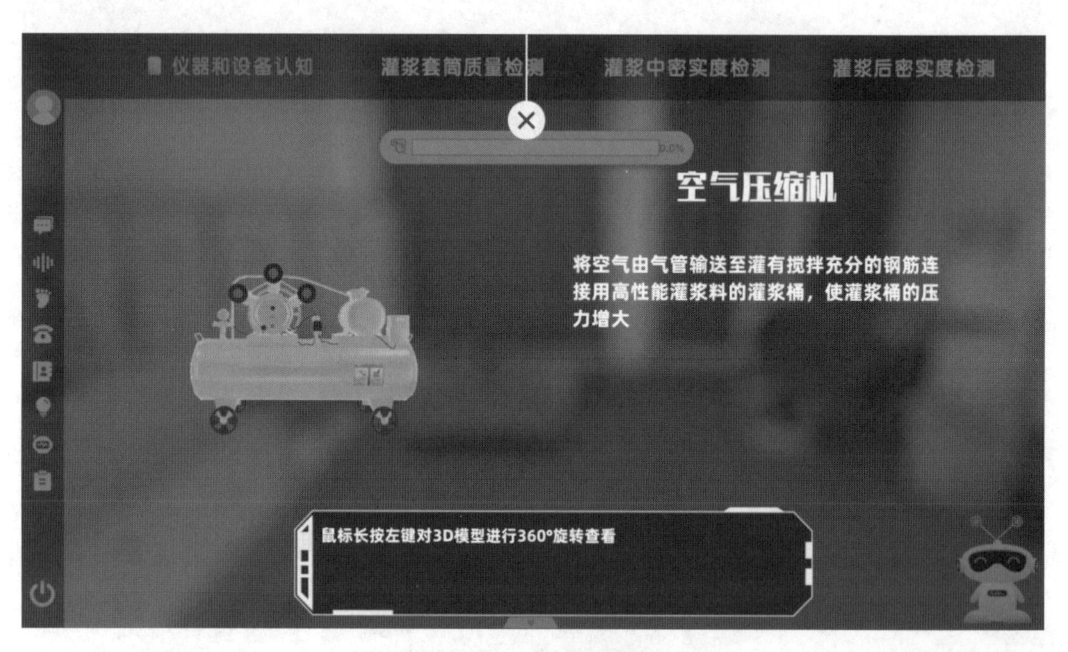

图 14-20 空气压缩机

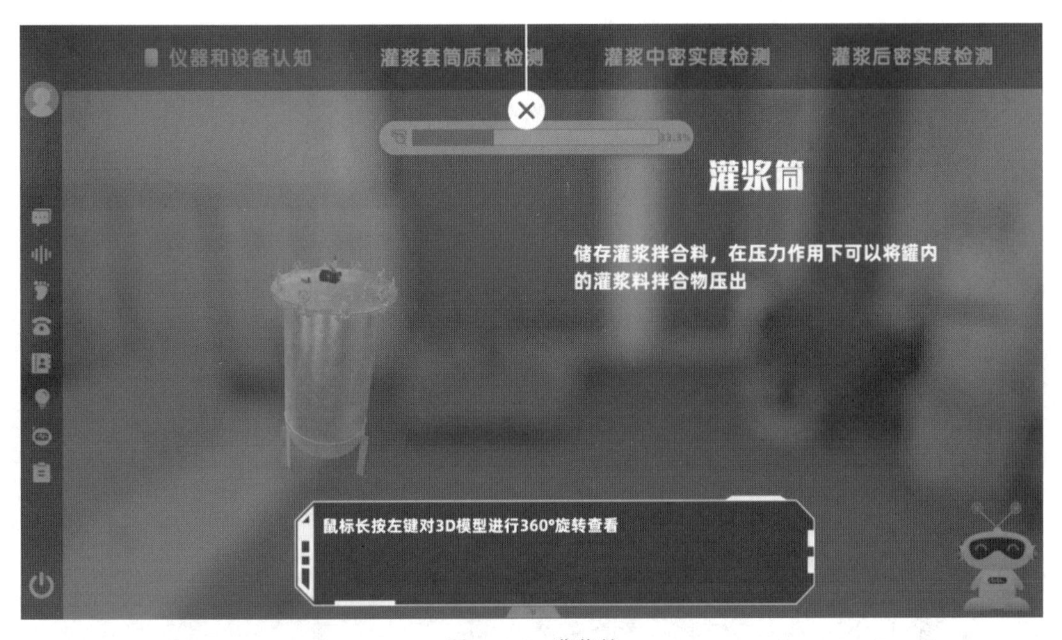

图 14-21　灌浆筒

14.4.2　灌浆套筒质量检测

◆灌浆套筒介绍——全灌浆套筒、半灌浆套筒

进入灌浆套筒和灌浆料的介绍页面，首先点击“全灌浆套筒”和“半灌浆套筒”进行认识（见图 14-22 和图 14-23）。

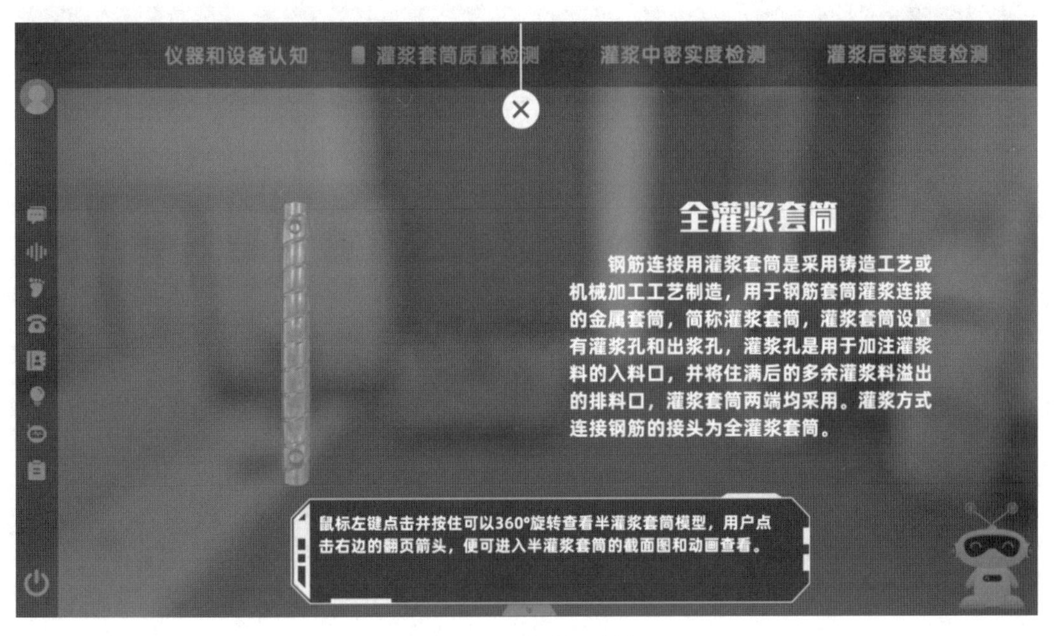

图 14-22　全灌浆套筒

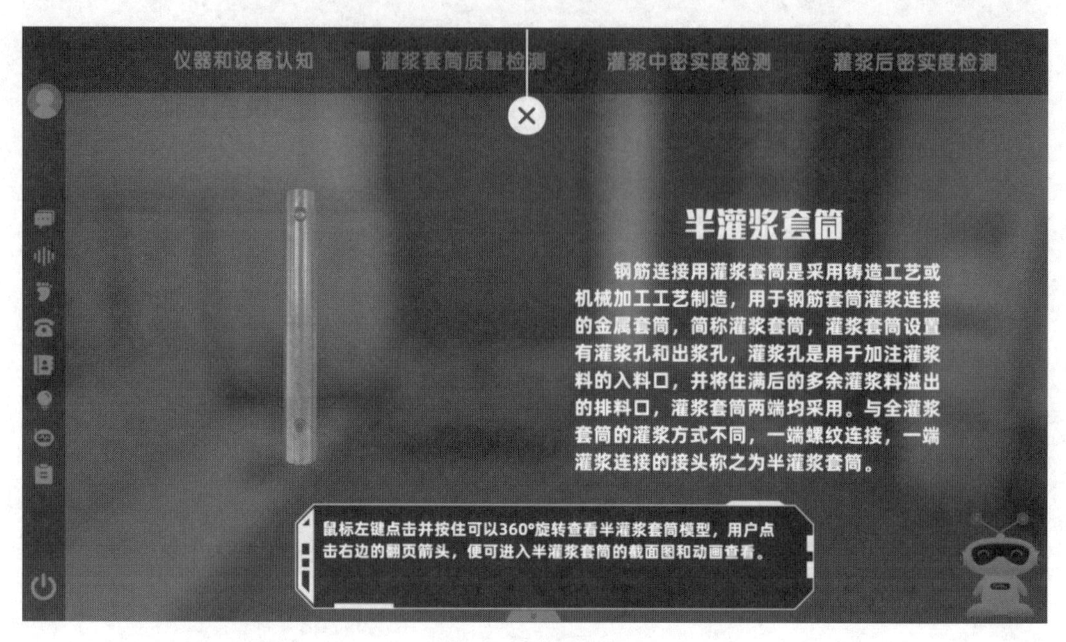

图 14-23　半灌浆套筒

◈灌浆套筒的选择

有三个质量不同的套筒供用户选择，选择正确后便可进入下一项实验操作（见图14-24）。

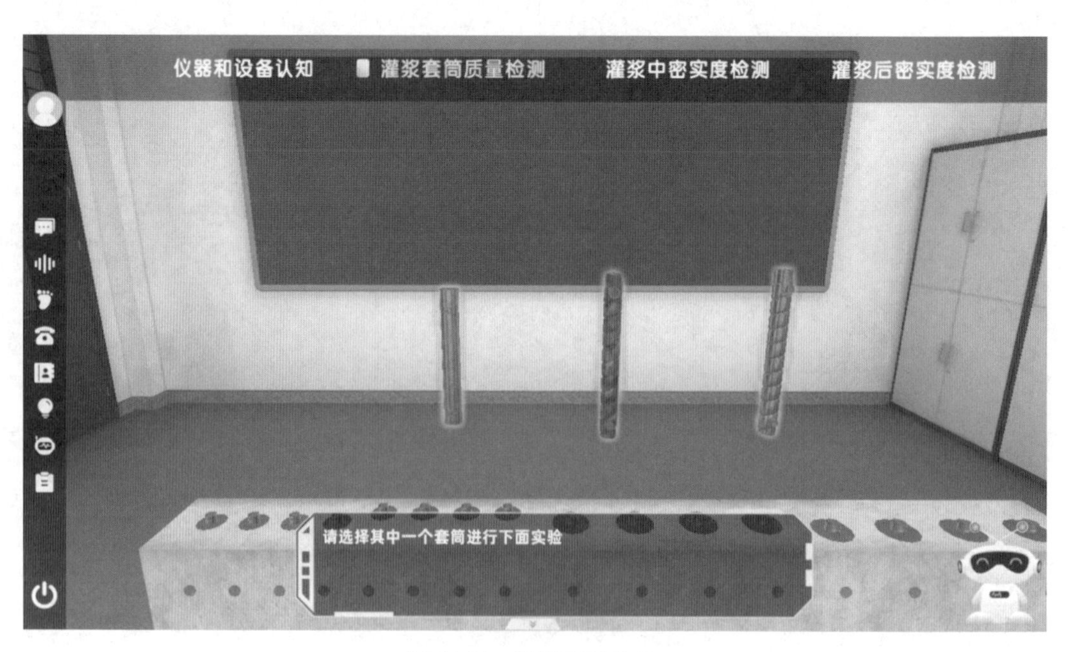

图 14-24　灌浆套筒选择

◆测量灌浆套筒长度

选择直尺测量套筒的长度(见图 14-25)。

图 14-25　灌浆套筒长度测量

◆测量灌浆套筒内外径

选择游标卡尺测量套筒的内外径(见图 14-26)。

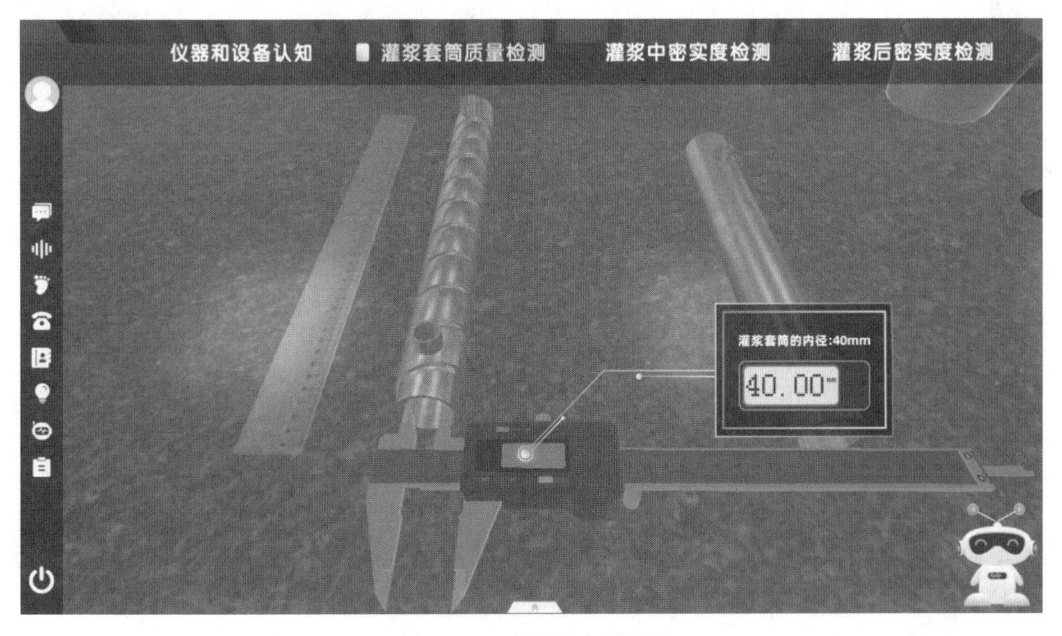

图 14-26　套筒的内径测量

◈灌浆料搅拌

流程：电子台秤上称6kg水(见图14-27和图14-28)——滚筒式搅拌机中加入部分水(见图14-29)——倒入2袋灌浆料(25kg/包)——加入剩余水量——搅拌10分钟(见图14-30)——静置2分钟(见图14-31)——检查流动度(见图14-32和图14-33)——30分钟内用完，随用随搅拌。

图14-27　测量空桶重量

图14-28　测量水重量

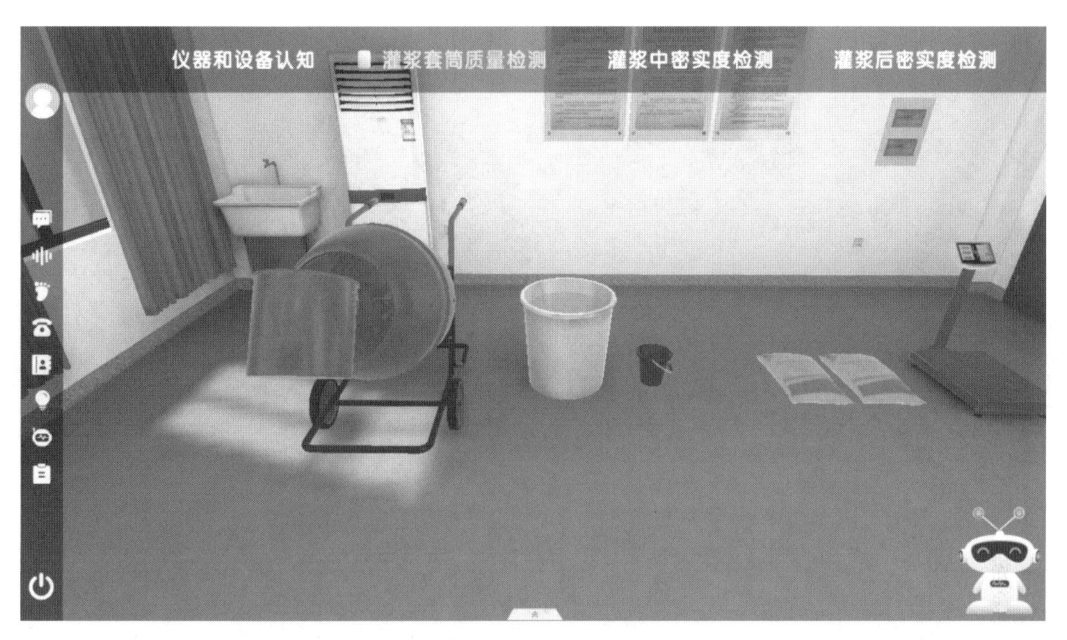

图 14-29　滚筒式搅拌机中加入部分水

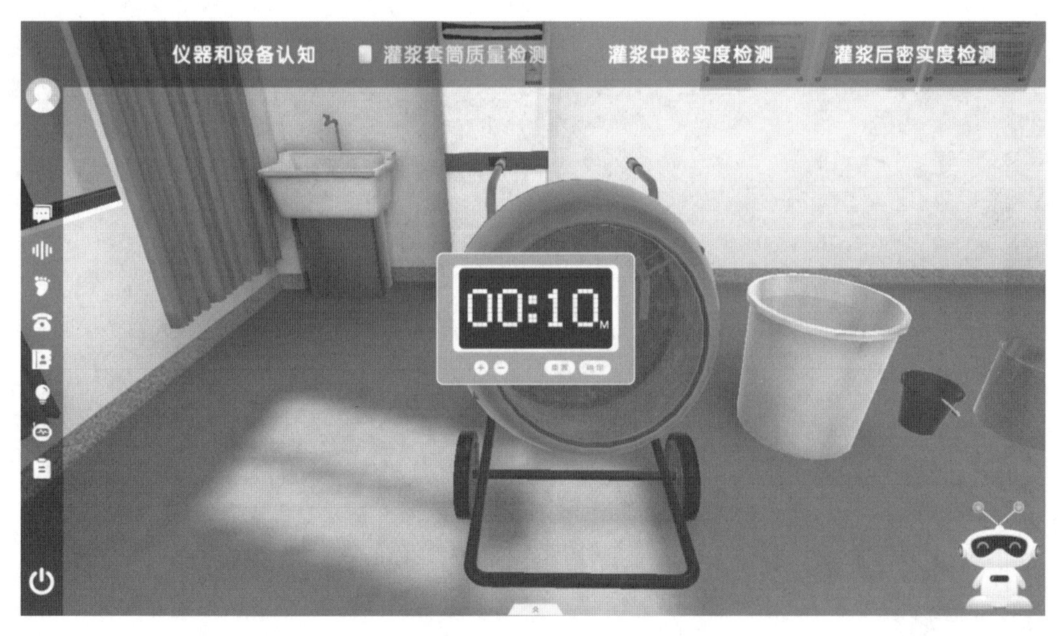

图 14-30　搅拌 10 分钟

图 14-31 静置 2 分钟

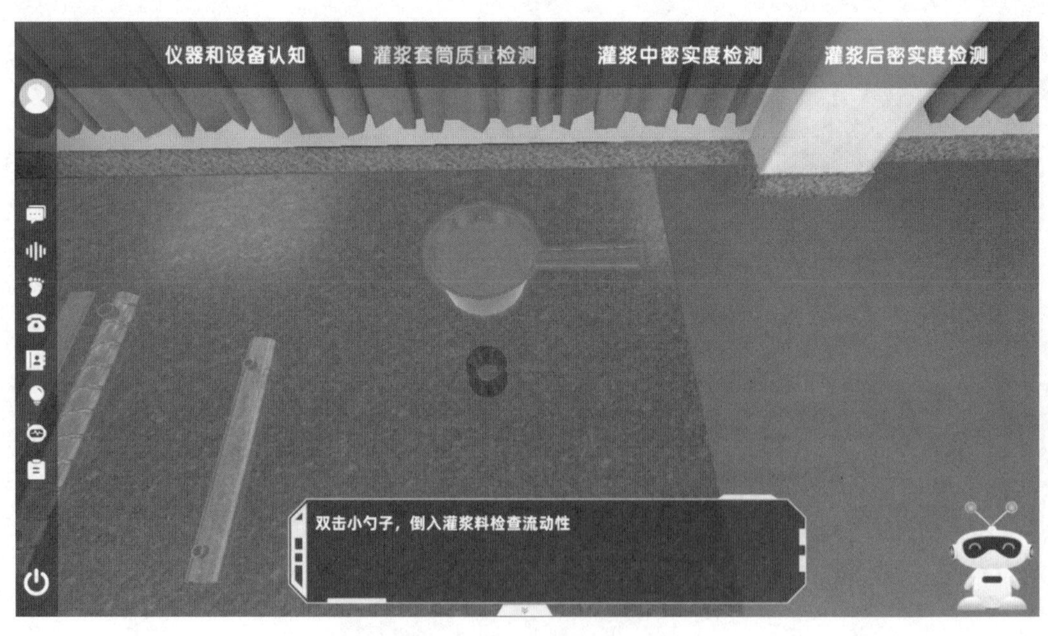

图 14-32 检查流动性(一)

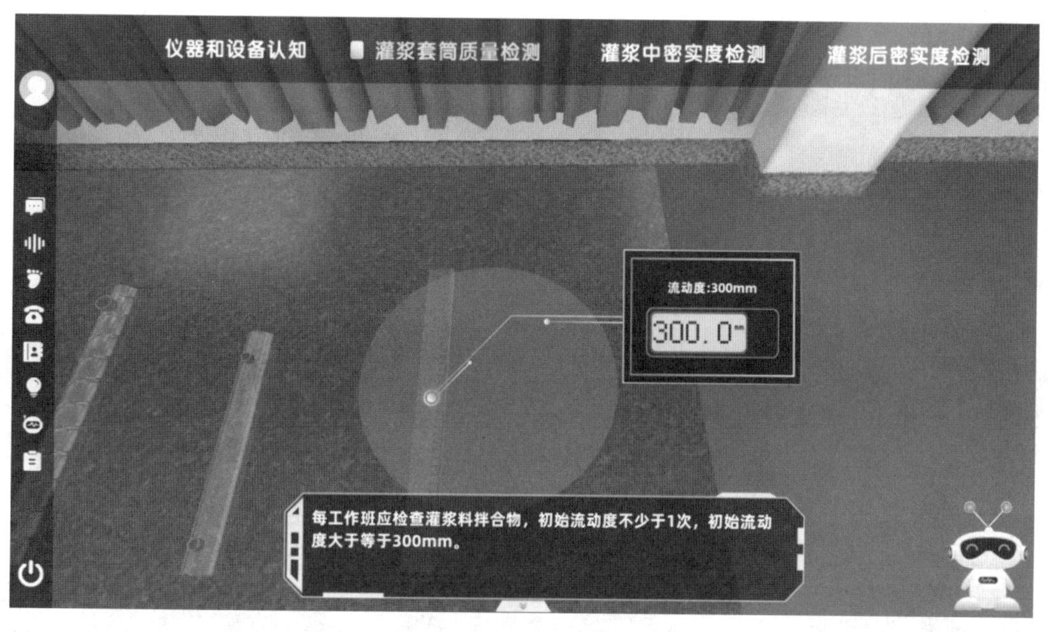

图 14-33　检查流动性(二)

◈灌浆

流程:将搅拌好的灌浆料倒入灌浆筒(见图 14-34)——拧紧灌浆筒封盖(见图 14-35)——连接空气压缩机通气管——将灌浆管插入灌浆孔(见图 14-36)——调节空气压缩机的进气阀门——灌浆孔流出且无气泡后及时用橡胶塞封堵(见图 14-37 和图 14-38)。

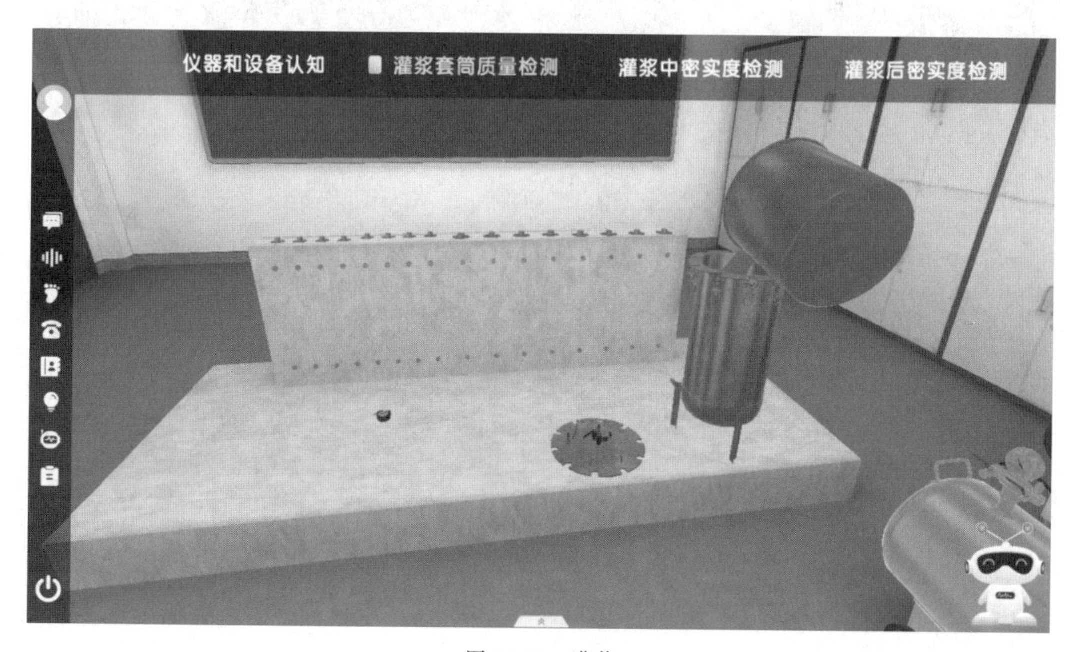

图 14-34　灌浆

图 14-35　拧紧灌浆筒封盖

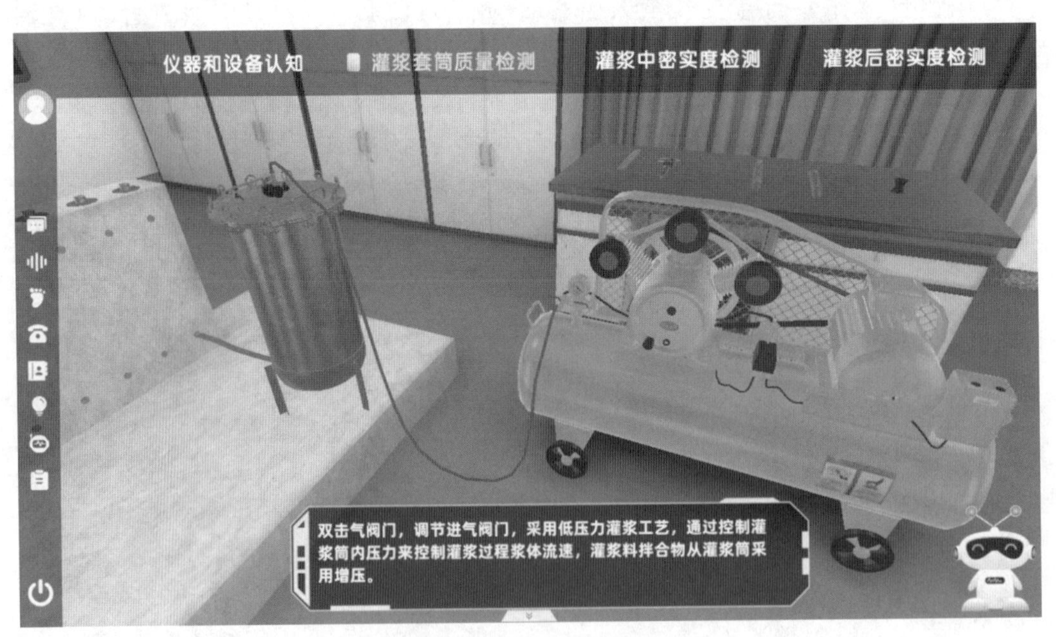

图 14-36　将灌浆管插入灌浆孔

图 14-37　灌浆孔流出且无气泡

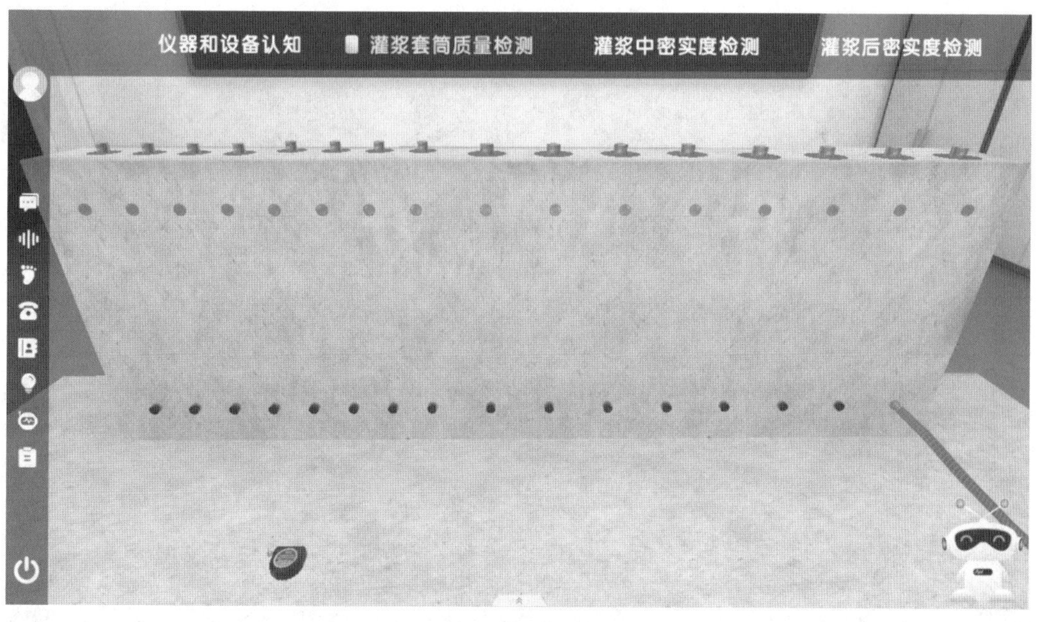

图 14-38　用橡胶塞封堵

◆灌浆仓保压

流程：出浆孔均排除浆体并封堵——调低灌浆设备的压力，开始保压（0.1MPa），保压 1 分钟——保压期间随机拔掉少数出浆孔橡胶塞（见图 14-39）——拔除灌浆管。

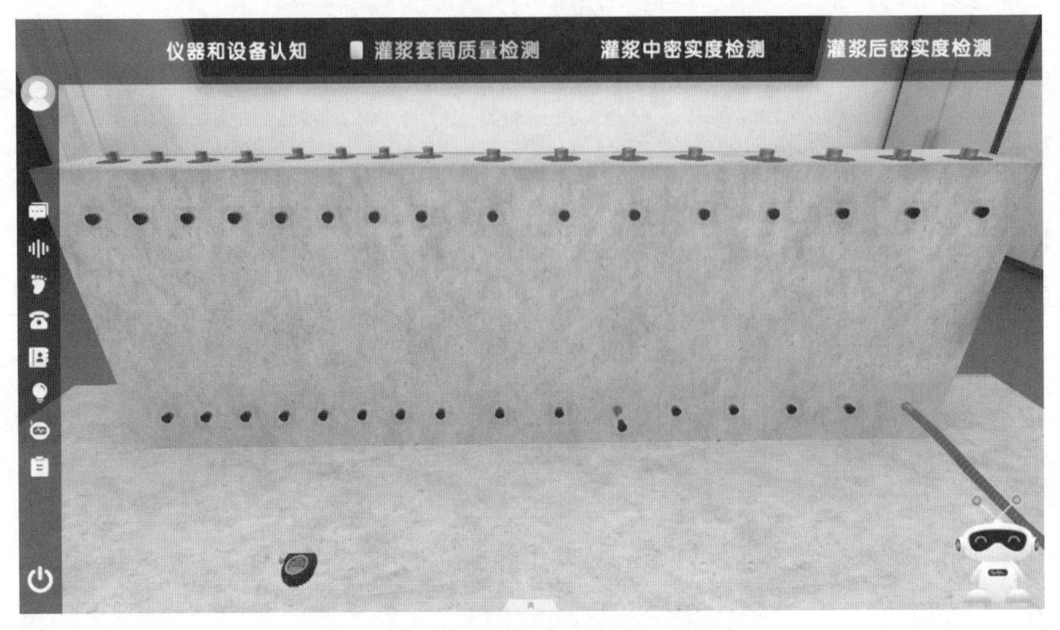

图 14-39　出浆孔均排除浆体并封堵

◈施工完毕

灌浆施工完成后，出现漏浆无法出浆处理的情况（见图 14-40）。

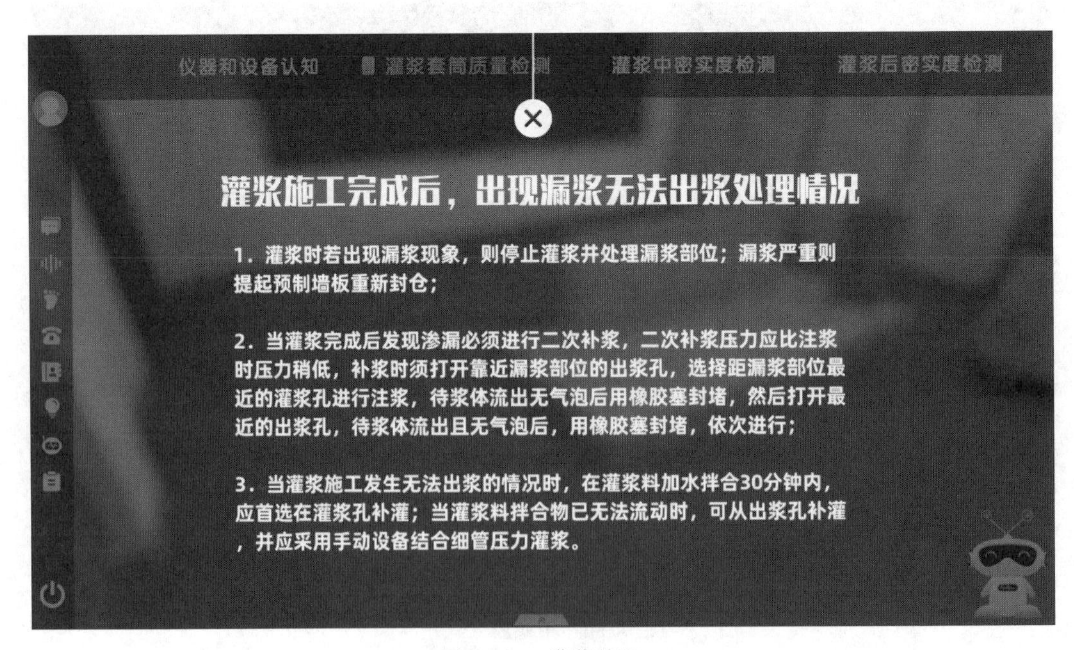

图 14-40　灌浆处理

14.4.3　灌浆后密实度检测

◈产品连接（见图 14-41）

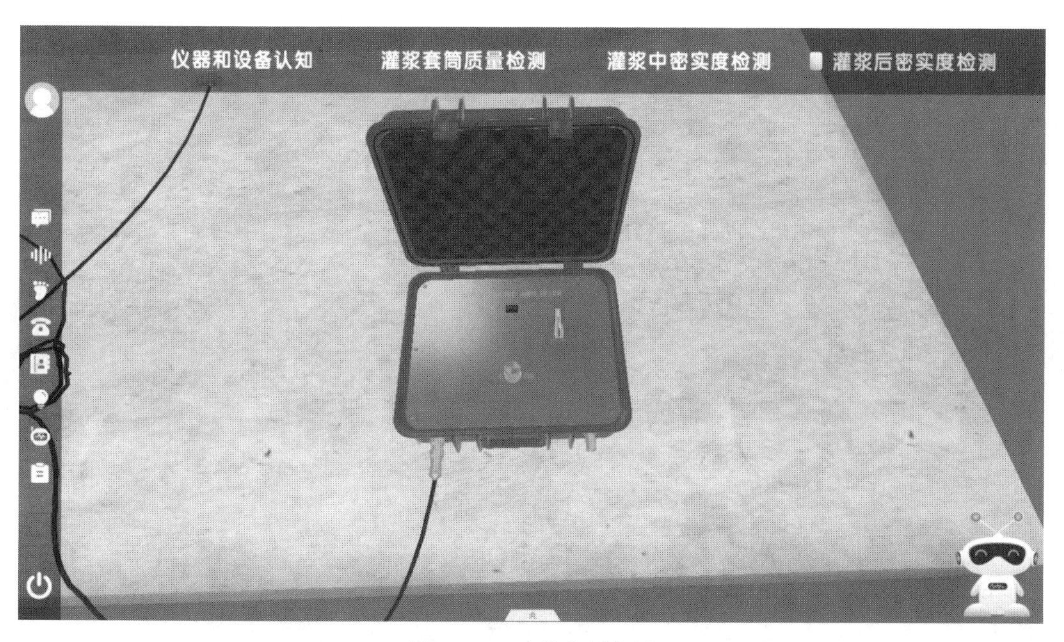

图 14-41　连接检测仪器

◆测点布置(见图 14-42)

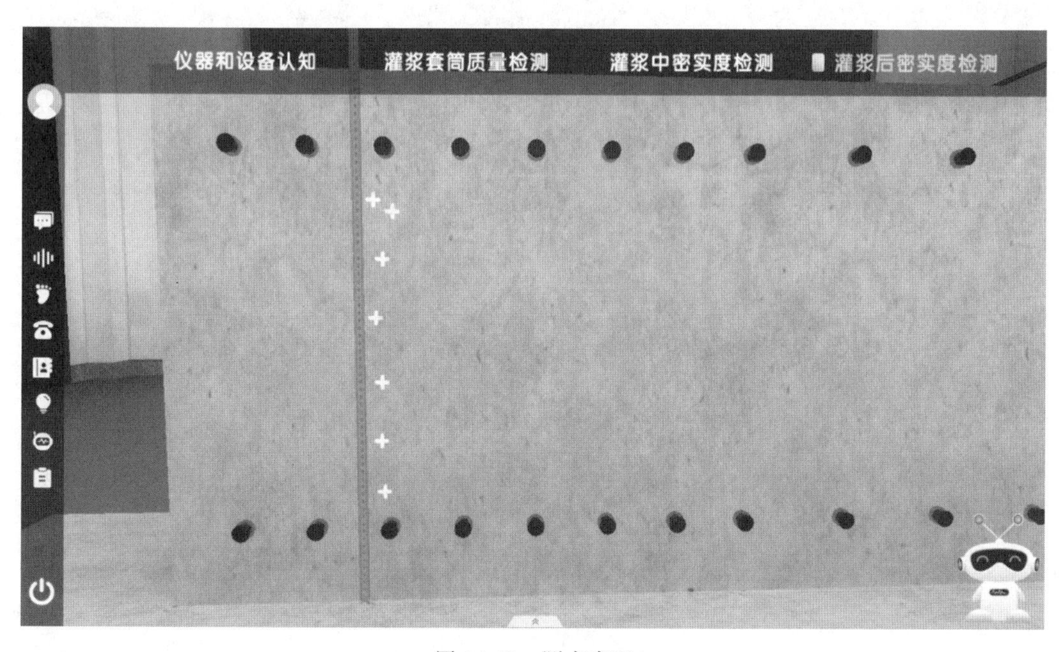

图 14-42　测点布置

◆采集软件操作(见图 14-42 至图 14-48)

图 14-43　软件操作

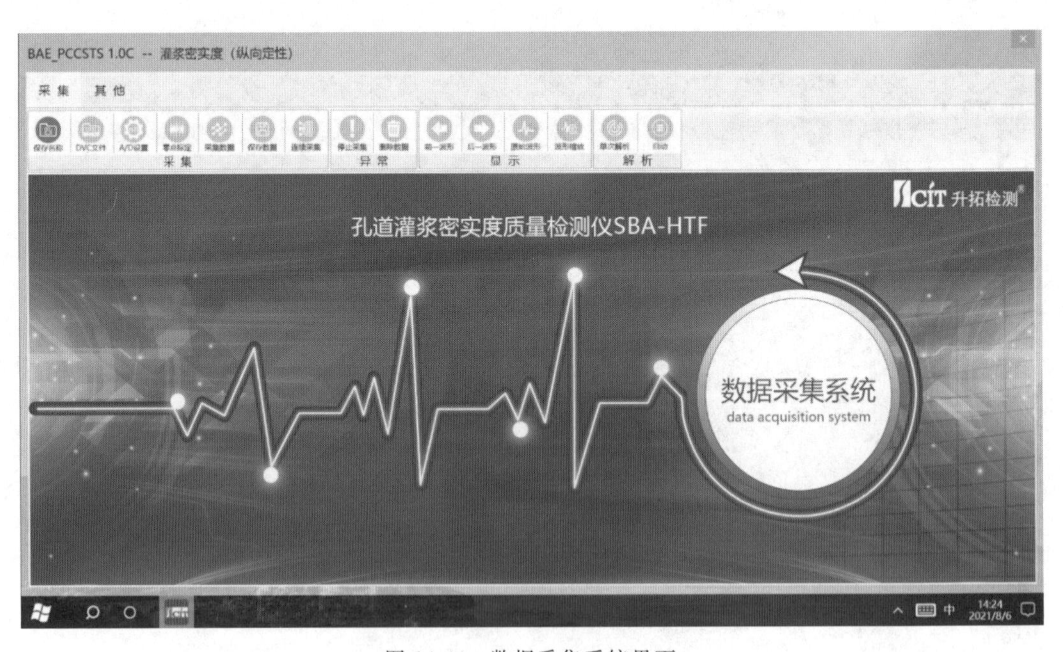

图 14-44　数据采集系统界面

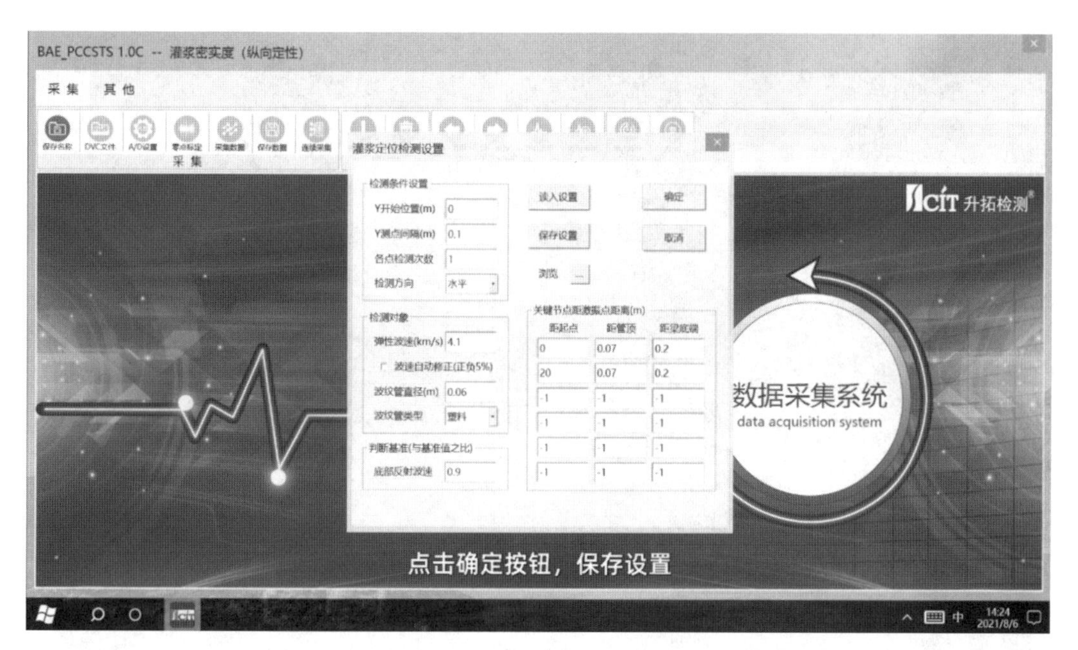

图 14-45　参数设置

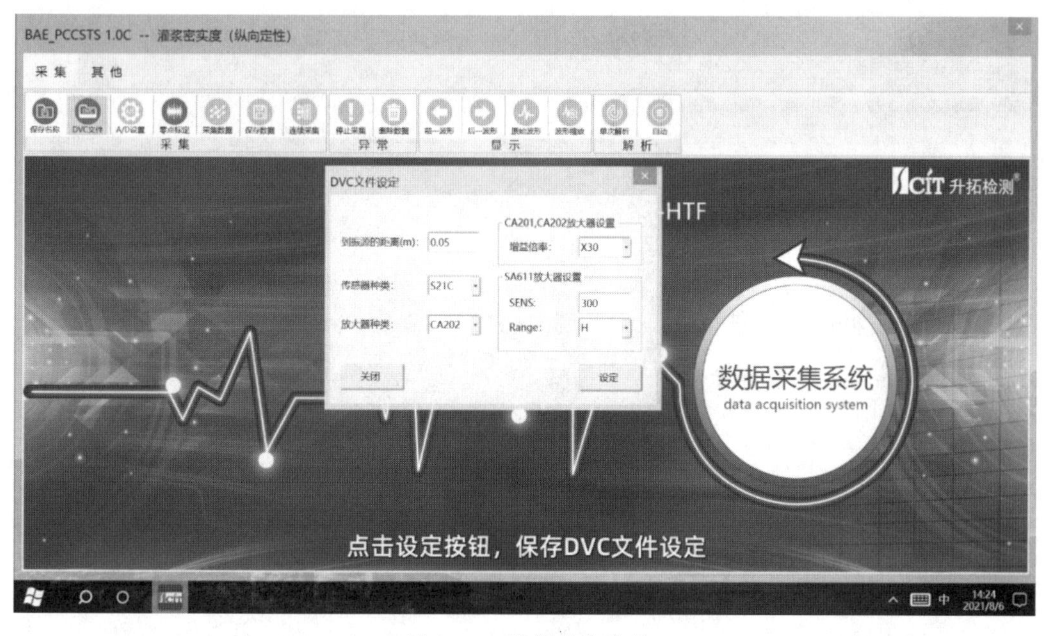

图 14-46　数据保存路径

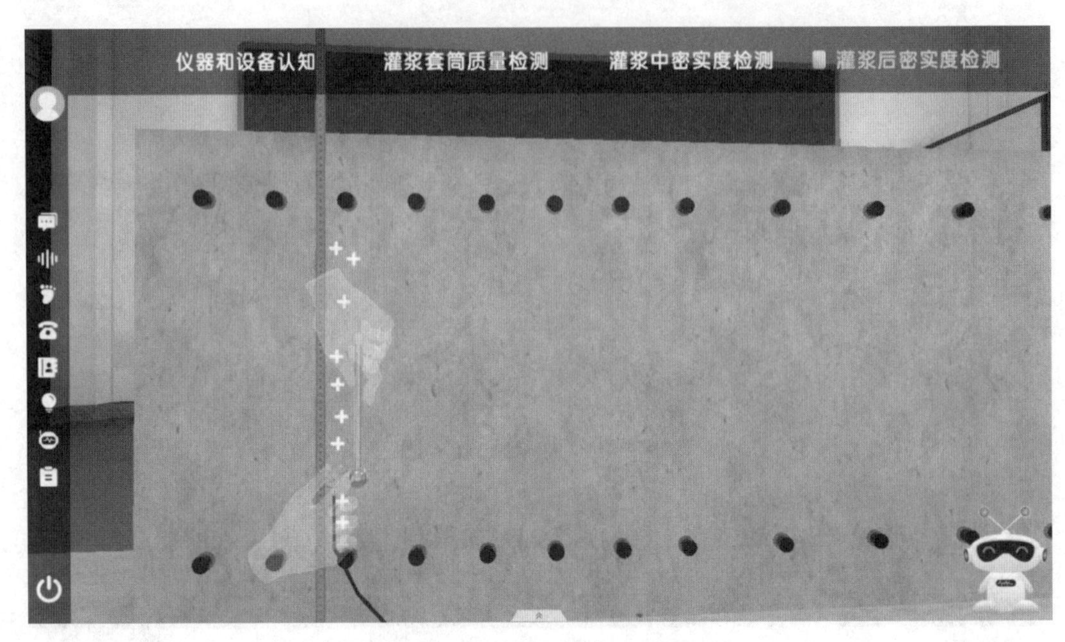

图 14-47　敲打

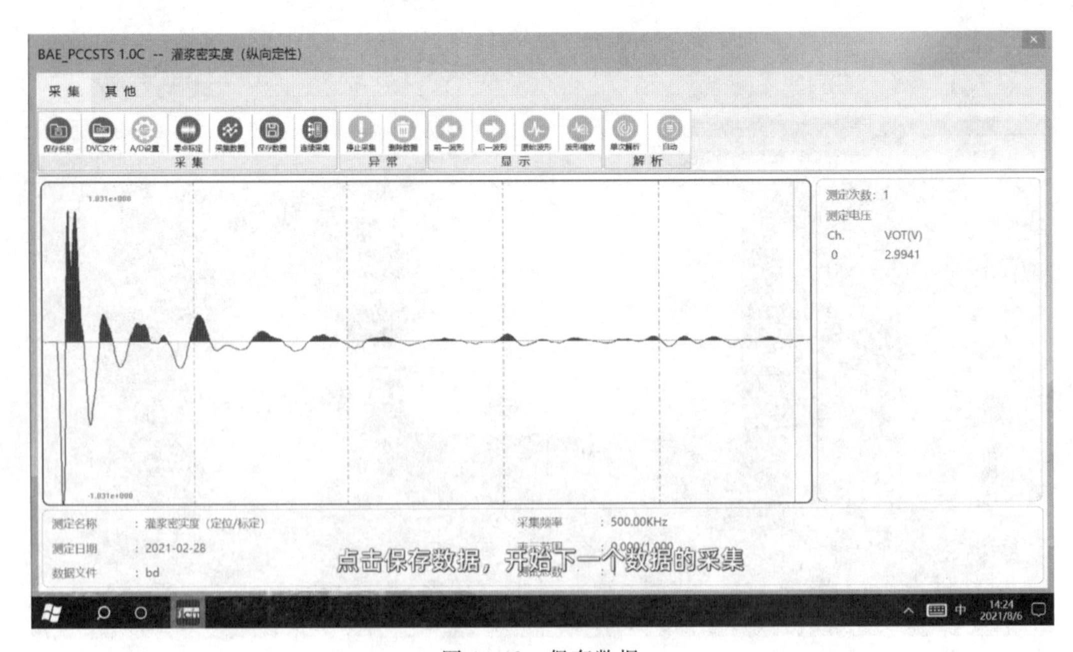

图 14-48　保存数据

◆解析软件操作(见图 14-48 至图 14-57)

图 14-49　软件操作

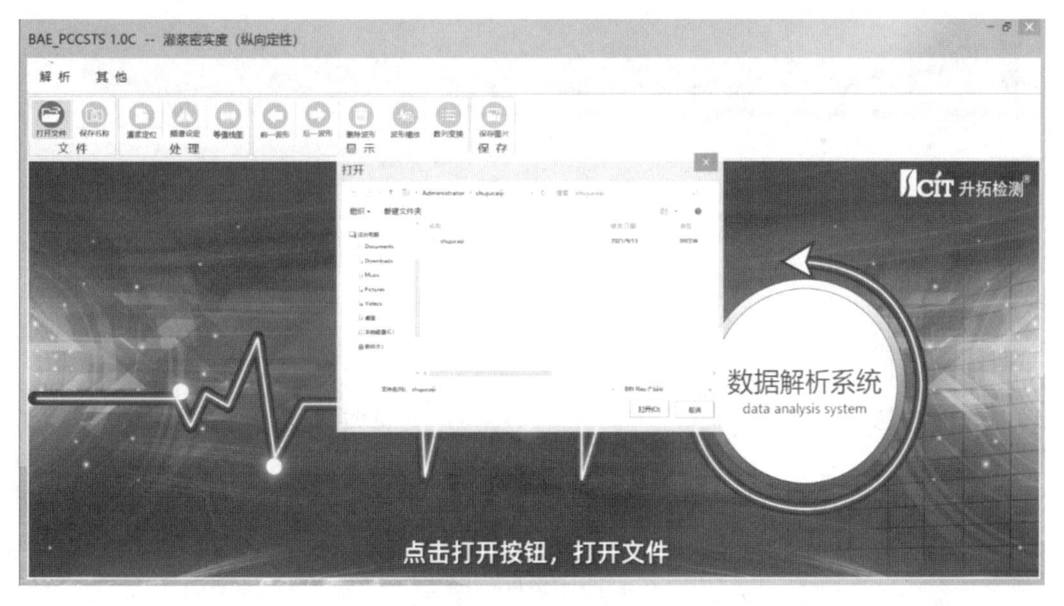

图 14-50　解析系统

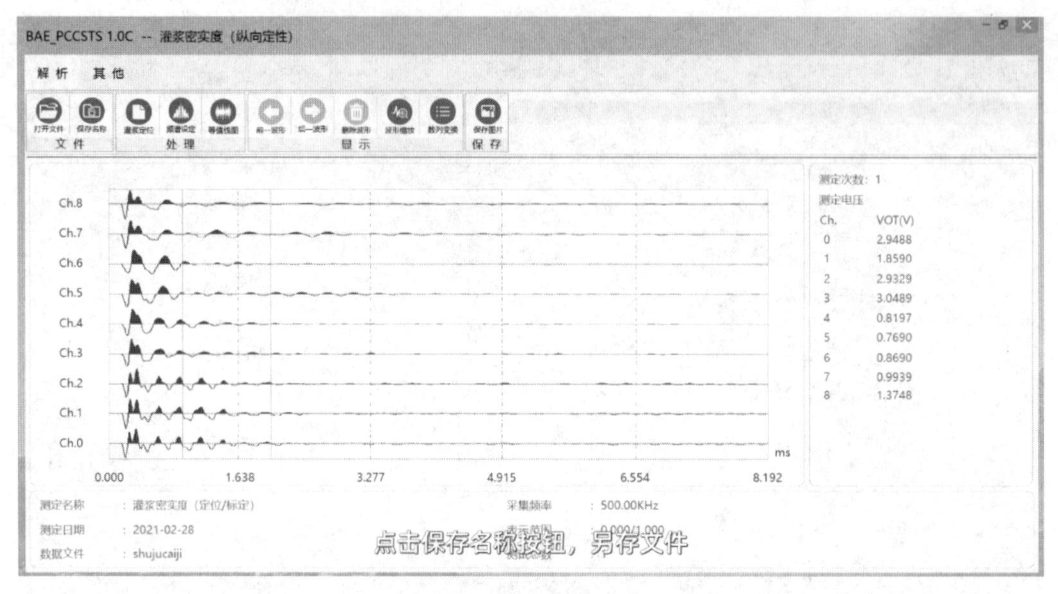

图 14-51 另存文件

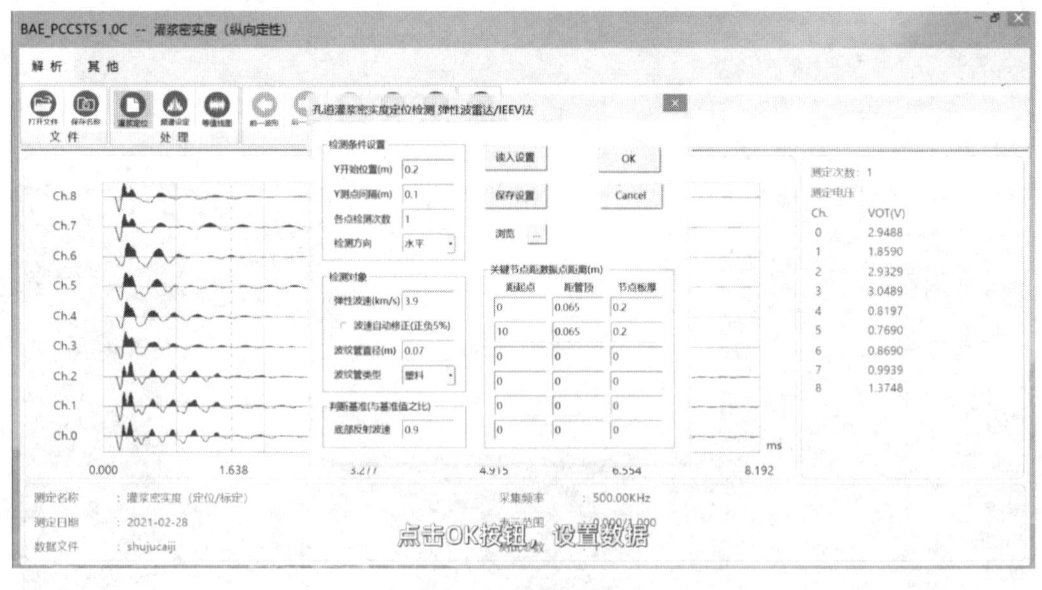

图 14-52 设置数据(一)

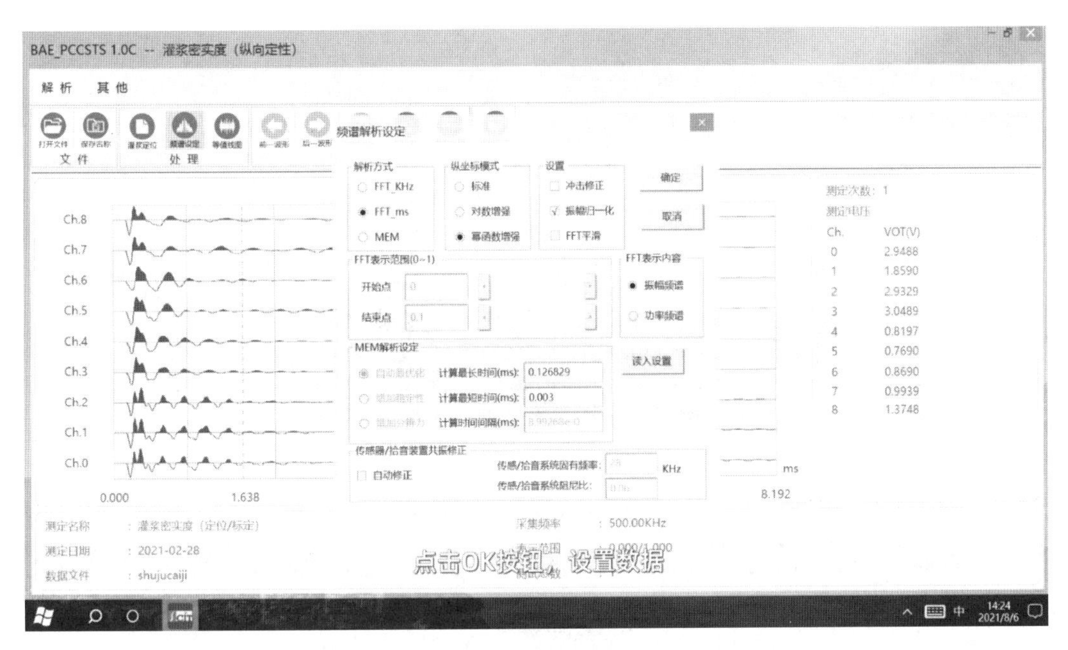

图 14-53　设置数据（二）

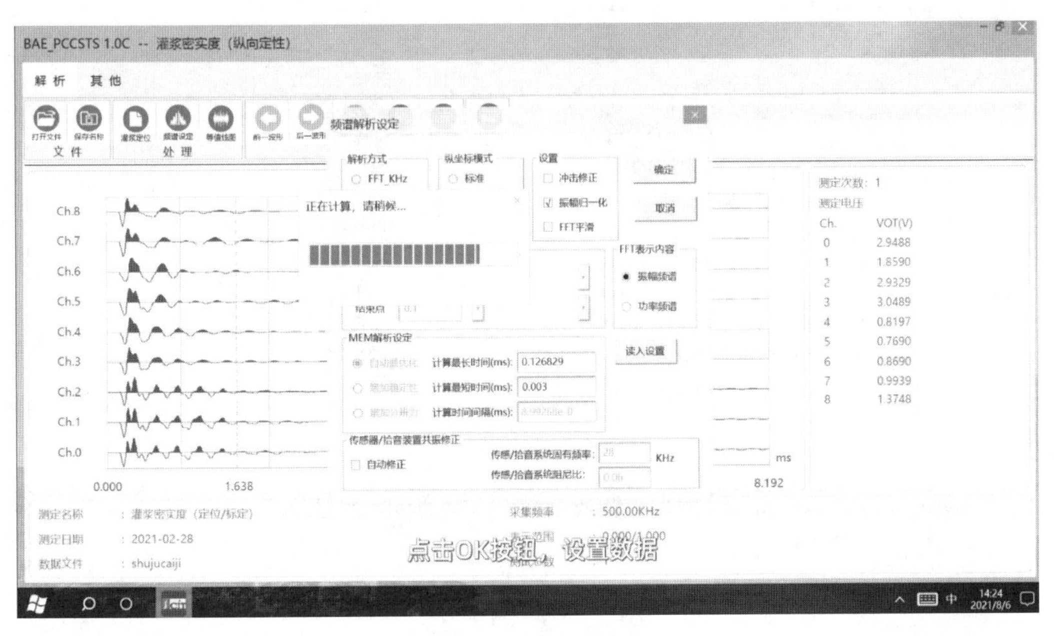

图 14-54　正在计算

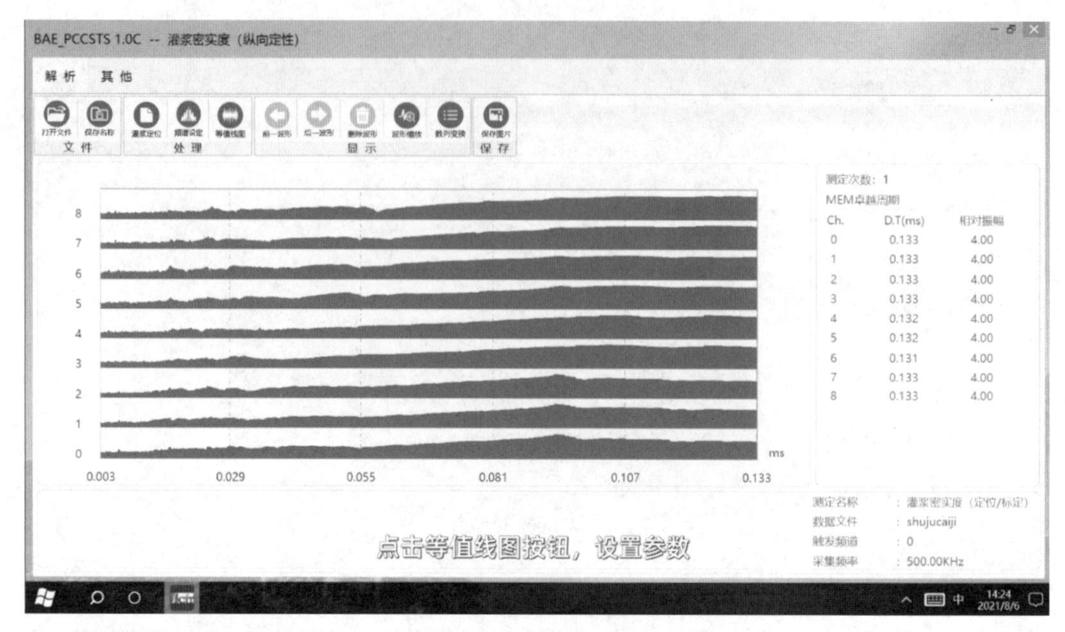

图 14-55　得出结果

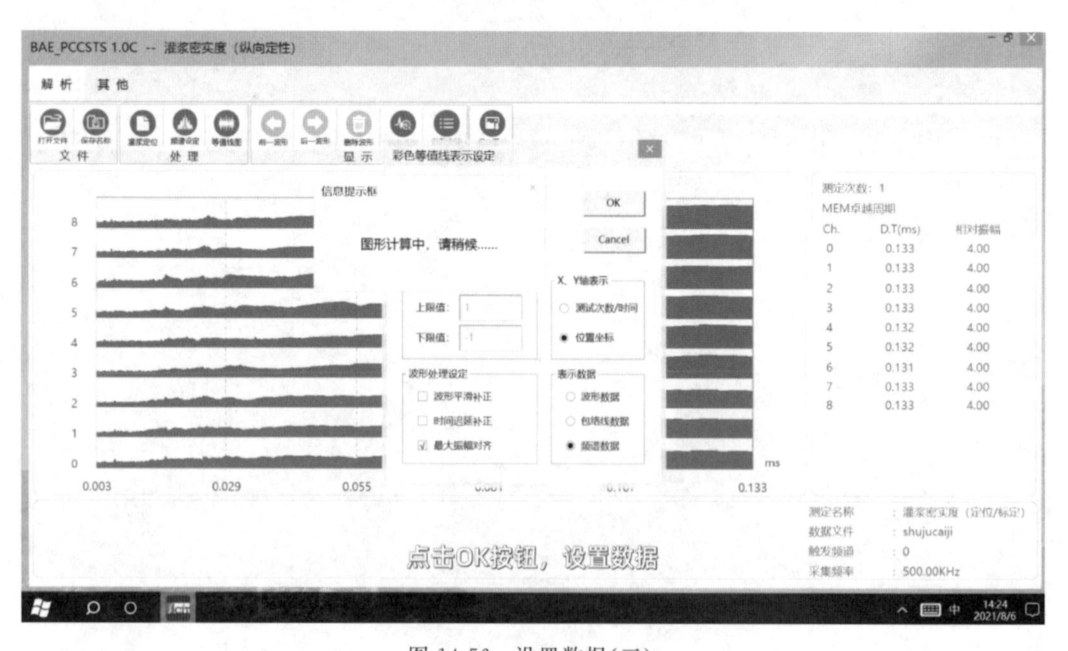

图 14-56　设置数据(三)

JGJT411-2017 冲击

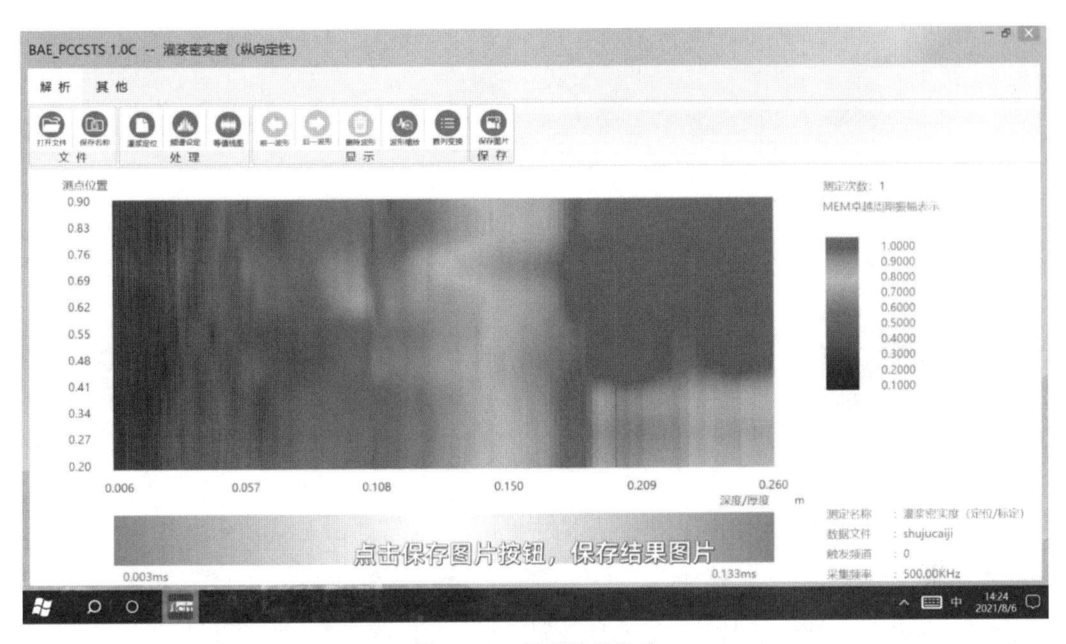

图 14-57　保存结果图片

参考文献

[1] 傅军. 建筑结构试验基础[M]. 2 版. 北京：机械工业出版社，2022.

[2] 易伟建. 建筑结构试验[M]. 5 版. 北京：中国建筑工业出版社，2020.

[3] 郭从良. 信号的数据获取与信息处理基础[M]. 北京：清华大学出版社，2009.

[4] 砌体结构工程施工规范(GB 50924—2014). 北京：中国建筑工业出版社，2014.

[5] 砌体结构设计规范(GB 50003—2011). 北京：中国建筑工业出版社，2011.

[6] 砌体结构加固设计规范(GB 50702—2011). 北京：中国建筑工业出版社，2011.

[7] 砌体结构工程施工质量验收规范(GB 50203—2011). 北京：中国建筑工业出版社，2011.

[8] 墙体材料应用统一技术规范(GB 50574—2010). 北京：中国建筑工业出版社，2010.

[9] 建筑结构加固工程施工质量验收规范(GB 50550—2010). 北京：中国建筑工业出版社，2010.

[10] 建筑工程施工质量验收统一标准(GB 50300—2013). 北京：中国建筑工业出版社，2013.

[11] 混凝土结构工程施工质量验收规范(GB 50204—2015). 北京：中国建筑工业出版社，2015.

[12] 钢结构通用规范(GB 55006—2021). 北京：中国建筑工业出版社，2021.

[13] 赵志强. 建筑框架结构设计问题及要点[J]. 砖瓦，2022(03)：87-90.

[14] 杨献宇. 高层建筑框架结构梁柱节点施工技术分析[J]. 砖瓦，2022(02)：153-155.

[15] 钢结构工程施工规范(GB 50755—2012). 北京：中国建筑工业出版社，2012.

[16] 钢结构工程施工质量验收标准(GB 50205—2020). 北京：中国建筑工业出版社，2003.

[17] 预制混凝土构件质量检验标准(T/CECS 631—2019). 北京：中国计划出版社，2019.

[18] 黄赟，康飞，唐玉. 基于目标检测的混凝土坝裂缝实时检测方法[J]. 清华大学学报(自然科学版)，2023，63(7)：1078-1086.

[19] 张振华，陆金桂. 基于改进卷积神经网络的混凝土桥梁裂缝检测[J]. 计算机仿真，2021，38(11)：490-494.

附录

混凝土回弹仪

1. 主要功能

回弹仪用以测试混凝土的抗压强度，是现场检测用得最广泛的混凝土抗压强度无损检测仪器，如图 1 所示。

图 1　混凝土回弹仪(指针直读式)

2. 主要技术指标

(1)冲击功能：2.207J；

(2)弹击拉簧刚度：785N/cm；

(3)弹击锤冲程:75mm;

(4)指针系统最大静摩擦力:0.5～0.8N。

(5)钢砧率定平均值:80±2。

SJY800A 型贯入式砂浆强度检测仪

1.主要功能

用于砌缝砂浆强度的现场快速检测,为最新的便携式砂浆强度现场检测仪器。

2.设备组成与功能

如图 2 和图 3 所示。

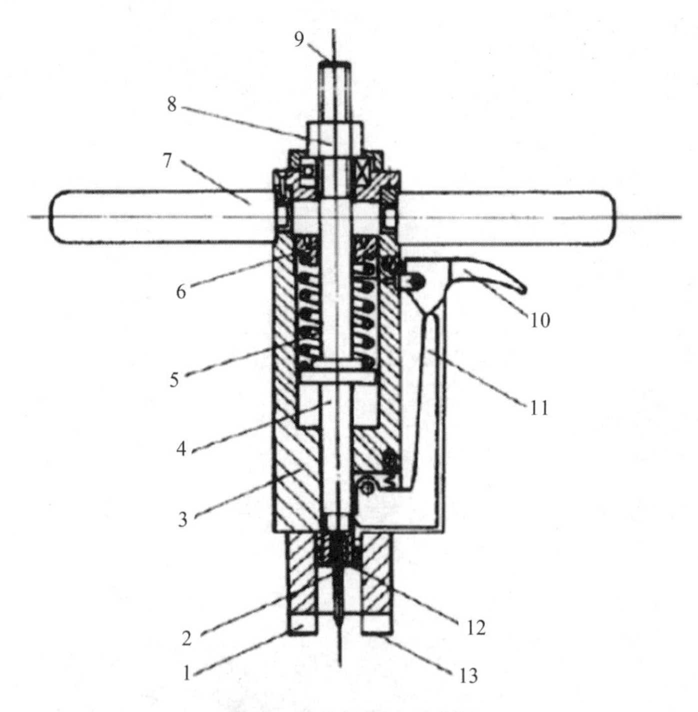

图 2　贯入仪构造示意图

1—扁头;2—测钉;3—主体;4—贯入杆;5—工作弹簧;6—调整螺母;7—把手;8—螺母;9—贯入杆外端;10—扳机;11—挂钩;12—贯入杆端面;13—扁头端面

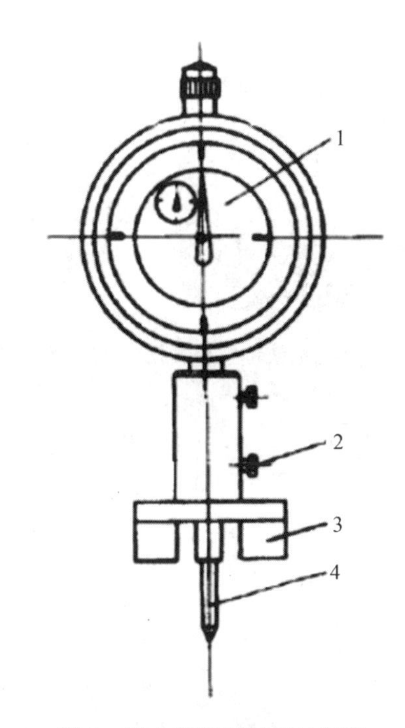

图 3 贯入深度测量表示意图

1—百分表;2—锁繁螺钉;3—扇头;4—测头

3. 主要技术指标

(1)贯入深度:20±0.1mm;

(2)贯入力:800±8N;

(3)贯入深度尺量程:20mm;

(4)精度:0.01mm;

(5)测钉长度:40±0.01m。

SW-180S 钢筋位置检测仪

1. 主要功能

(1)检测钢筋混凝土结构中钢筋的位置及走向;

(2)直径已知,检测钢筋的混凝土保护层厚度;

(3)直径未知,检测钢筋直径和保护层厚度;

(4)钢筋分布网格显示。

2. 设备组成与功能

钢筋位置检测仪 SW-180S,主要包括主机、探头、扫描小车、信号线等,如图 4 所示。

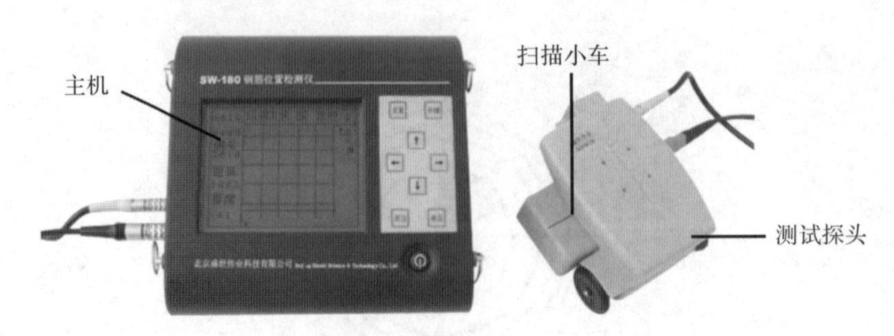

图 4　钢筋位置探测仪 SW-180S

3. 主要的技术指标

钢筋检测仪说明书

(1)钢筋直径适应范围:6～50mm(一般为 32mm);

(2)最大探测深度:180mm(一般≤80mm);

(3)混凝土保护层厚度检测误差:±1mm;

(4)钢筋直径检测误差:±2mm;

(5)工作环境要求:环境温度－10～＋40℃,相对湿度＜ 90%,无交变电磁场干扰,不得长时间阳光直射。

附录 A　非水平状态检测时的回弹值修正值

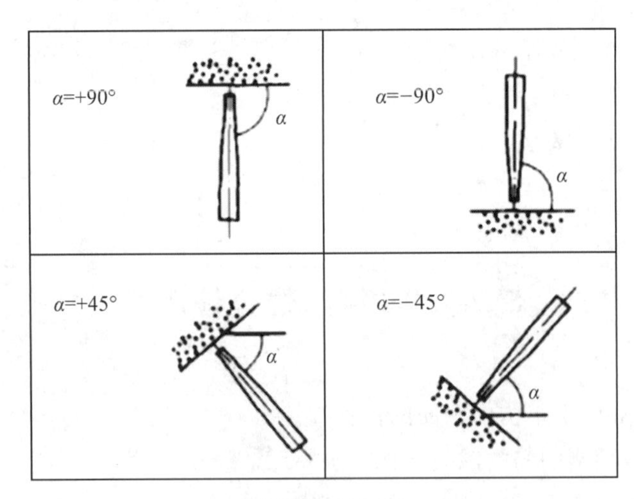

测试角度示意图

表 A 非水平状态检测时的回弹值修正值

R_{ma}	检测角度							
	向上				向下			
	90°	60°	45°	30°	—30°	—45°	—60°	—90°
20	—6.0	—5.0	—4.0	—3.0	+2.5	+3.0	+3.5	+4.0
21	—5.9	—4.9	—4.0	—3.0	+2.5	+3.0	+3.5	+4.0
22	5.8	—4.8	—3.9	—2.9	+2.4	+2.9	+3.4	+3.9
23	—5.7	—4.7	—3.9	—2.9	+2.4	+2.9	+3.4	+3.9
24	—5.6	—4.6	—3.8	—2.8	+2.3	+2.8	+3.3	+3.8
25	—5.5	—4.5	—3.8	—2.8	+2.3	+2.8	+3.3	+3.8
26	—5.4	—4.4	—3.7	—2.7	+2.2	+2.7	+3.2	+3.7
27	—5.3	—4.3	—3.7	—2.7	+2.2	+2.7	+3.2	+3.7
28	—5.2	—4.2	—3.6	—2.6	+2.1	+2.6	+3.1	+3.6
29	—5.1	—4.1	—3.6	—2.6	+2.1	+2.6	+3.1	+3.6
30	—5.0	—4.0	—3.5	—2.5	+2.0	+2.5	+3.0	+3.5
31	—4.9	—4.0	—3.5	—2.5	+2.0	+2.5	+3.0	+3.5
32	—4.8	—3.9	—3.4	—2.4	+1.9	+2.4	+2.9	+3.4
33	—4.7	—3.9	—3.4	—2.4	+1.9	+2.4	+2.9	+3.4
34	—4.6	—3.8	—3.3	—2.3	+1.8	+2.3	+2.8	+3.3
35	—4.5	—3.8	—3.3	—2.3	+1.8	+2.3	+2.8	+3.3
36	—4.4	—3.7	—3.2	—2.2	+1.7	+2.2	+2.7	+3.2
37	—4.3	—3.7	—3.2	—2.2	+1.7	+2.2	+2.7	+3.2
38	—4.2	—3.6	—3.1	—2.1	+1.6	+2.1	+2.6	+3.1
39	—4.1	—3.6	—3.1	—2.1	+1.6	+2.1	+2.6	+3.1
40	—4.0	—3.5	—3.0	—2.0	+1.5	+2.0	+2.5	+3.0
41	—4.0	—3.5	—3.0	—2.0	+1.5	+2.0	+2.5	+3.0
42	—3.9	—3.4	—2.9	—1.9	+1.4	+1.9	+2.4	+2.9
43	—3.9	—3.4	—2.9	—1.9	+1.4	+1.6	+2.4	+2.9
44	—3.8	—3.3	—2.8	—1.8	+1.3	+1.8	+2.3	+2.8
45	—3.8	—3.3	—2.8	—1.8	+1.3	+1.8	+2.3	+2.8
46	—3.7	—3.2	—2.7	—1.7	+1.2	+1.7	+2.2	+2.7
47	—3.7	—3.2	—2.7	—1.7	+1.2	+1.7	+2.2	+2.7
48	—3.6	—3.1	—2.6	—1.6	+1.1	+1.6	+2.1	+2.6
49	—3.6	—3.1	—2.6	—1.6	+1.1	+1.6	+2.1	+2.6
50	—3.5	—3.0	—2.5	—1.5	+1.0	+1.5	+2.0	+2.5

注:①R_{ma}小于 20 或大于 50 时,均分别按 20 或 50 查表;

②表中未列入的相应于 R_{ma}的修正值 R_{ma},可用内插法求得,精确至 0.1。

附录 B 不同浇筑面的回弹值修正值

表 B 不同浇筑面的回弹值修正表

$\overline{R}_t$ 或$\overline{R}_b$	表面修正值 ΔR_t	底面修正值 ΔR_b
20	+2.5	−3.0
25	+2.0	−2.5
30	+1.5	−2.0
35	+1.0	−1.5
40	+0.5	−1.0
45	0	−0.5
50	0	0

注:表中未引入的相应于$\overline{R}_t$ 或$\overline{R}_i$ 的 ΔR_t 或 ΔR_b 修正值可用内插法求得,精确至 0.1。

附录 C 测区混凝土强度换算表

表 C 测区混凝土强度换算表

平均回弹值 R_m	测区混凝土强度换算值 $f^c_{cu,i}$/MPa												
	平均碳化深度值/(dm/mm)												
	0	0.5	1.0	1.5	2.0	2.5	3.0	3.5	4.0	4.5	5.0	5.5	≥6
20.0	10.3	10.1											
20.2	10.5	10.3	10.0										
20.4	10.7	10.5	10.2										
20.6	11.0	10.8	10.4	10.1									
20.8	11.2	11.0	10.6	10.3									
21.0	11.4	11.2	10.8	10.5	10.0								
21.2	11.6	11.4	11.0	10.7	10.2								
21.4	11.8	11.6	11.2	10.9	10.4	10.0							
21.6	12.0	11.8	11.4	11.0	10.6	10.2							
21.8	12.3	12.1	11.7	11.3	10.8	10.5	10.1						
22.0	12.5	12.2	11.9	11.5	11.0	10.6	10.2						
22.2	12.7	12.4	12.1	11.7	11.2	10.8	10.4	10.0					
22.4	13.0	12.7	12.4	12.0	11.4	11.0	10.7	10.3	10.0				

续表

平均回弹值 R_m	测区混凝土强度换算值 $f^c_{cu,i}$/MPa												
	平均碳化深度值/(dm/mm)												
	0	0.5	1.0	1.5	2.0	2.5	3.0	3.5	4.0	4.5	5.0	5.5	≥6
22.6	13.2	12.9	12.5	12.1	11.6	11.2	10.8	10.4	10.2				
22.8	13.4	13.1	12.7	12.3	11.8	11.4	11.0	11.6	10.3				
23.0	13.7	13.4	13.0	12.6	12.1	11.6	11.2	10.8	10.5	10.1			
23.2	13.9	13.6	13.2	12.8	12.2	11.8	11.4	11.0	10.7	10.6	10.0		
23.4	14.1	13.8	13.4	13.0	12.4	12.0	11.6	11.2	10.9	10.4	10.2		
23.6	14.4	14.1	13.7	13.2	12.7	12.2	11.8	11.4	11.1	10.7	10.4	10.1	
23.8	14.6	14.3	13.9	13.4	12.8	12.4	12.0	11.5	11.2	10.8	10.5	10.2	
24.0	14.9	14.6	14.2	13.7	13.1	12.7	12.2	11.8	11.5	11.0	10.7	10.4	10.1
24.2	15.1	14.8	14.3	13.9	13.3	12.8	12.4	11.9	11.6	11.2	10.9	10.6	10.3
24.4	15.4	15.1	14.6	14.2	13.6	13.1	12.6	12.2	11.9	11.4	11.1	10.8	10.4
24.6	15.6	15.3	14.8	14.4	13.7	13.3	12.8	12.3	12.0	11.5	11.2	10.9	10.6
24.8	15.9	15.6	15.1	14.6	14.0	13.5	13.0	12.6	12.2	11.8	11.4	11.1	10.7
25.0	16.2	15.9	15.4	14.9	14.3	13.8	13.3	12.8	12.5	12.0	11.7	11.3	10.9
25.2	16.4	16.1	15.6	15.1	14.4	13.9	13.4	13.0	12.6	12.1	11.8	11.5	11.0
25.4	16.7	16.4	15.9	15.4	14.7	14.2	13.7	13.2	12.9	12.4	12.0	11.7	11.2
25.6	16.9	16.6	16.1	15.7	14.9	14.4	13.9	13.4	13.0	12.5	12.2	11.8	11.3
25.8	17.2	16.9	16.3	15.8	15.1	14.6	14.1	13.6	13.2	12.7	12.4	12.0	11.5
26.0	17.5	17.2	16.6	16.1	15.4	14.9	14.4	13.8	13.5	13.0	12.6	12.2	11.6
26.2	17.8	17.4	16.9	16.4	15.7	15.1	14.6	14.0	13.7	13.2	12.8	12.4	11.8
26.4	18.0	17.6	17.1	16.6	15.8	15.3	14.8	14.2	13.9	13.3	13.0	12.6	12.0
26.6	18.3	17.9	17.4	16.8	16.1	15.6	15.0	14.4	14.1	13.5	13.2	12.8	12.1
26.8	18.6	18.2	17.7	17.1	16.4	15.8	15.3	14.6	14.3	13.8	13.4	12.9	12.3
27.0	18.9	18.5	18.0	17.4	16.6	16.1	15.5	14.8	14.6	14.0	13.6	13.1	12.4
27.2	19.1	18.7	18.1	17.6	16.8	16.2	15.7	15.0	14.7	14.1	13.8	13.3	12.6
27.4	19.4	19.0	18.4	17.8	17.0	16.4	15.9	15.2	14.9	14.3	14.0	13.4	12.7
27.6	19.7	19.3	18.7	18.0	17.2	16.6	16.1	15.4	15.1	14.5	14.1	13.6	12.9
27.8	20.0	19.6	19.0	18.2	17.4	16.8	16.3	15.6	15.3	14.7	14.2	13.7	13.0
28.0	20.3	19.7	19.2	18.4	17.6	17.0	16.5	15.8	15.4	14.8	14.4	13.9	13.2
28.2	20.6	20.0	19.5	18.6	17.8	17.2	16.7	16.0	15.6	15.0	14.6	14.0	13.3

续表

平均回弹值 R_m	测区混凝土强度换算值 $f^c_{cu,i}$/MPa												
	平均碳化深度值/(dm/mm)												
	0	0.5	1.0	1.5	2.0	2.5	3.0	3.5	4.0	4.5	5.0	5.5	≥6
28.4	20.9	20.3	19.7	18.8	18.0	17.4	16.9	16.2	15.8	15.2	14.8	14.2	13.5
28.6	21.2	20.6	20.0	19.1	18.2	17.6	17.1	16.4	16.0	15.4	15.0	14.3	13.6
28.8	21.5	20.9	20.2	19.4	18.5	17.8	17.3	16.6	16.2	15.6	15.2	14.5	13.8
29.0	21.8	21.1	20.5	19.6	18.7	18.1	17.5	16.8	16.4	15.8	15.4	14.6	13.9
29.2	22.1	21.4	20.8	19.9	19.0	18.3	17.7	17.0	16.6	16.0	15.6	14.8	14.1
29.4	22.4	21.7	21.1	20.2	19.3	18.6	17.9	17.2	16.8	16.2	15.8	15.0	14.2
29.6	22.7	22.0	21.3	20.4	19.5	18.8	18.2	17.5	17.0	16.4	16.0	15.1	14.4
29.8	23.0	22.3	21.6	20.7	19.8	19.1	18.4	17.7	17.2	16.6	16.2	15.3	14.5
30.0	23.3	22.6	21.9	21.0	20.0	19.3	18.6	17.9	17.4	16.8	16.4	15.4	14.7
30.2	23.6	22.9	22.2	21.2	20.3	19.6	18.9	18.2	17.6	17.0	16.6	15.6	14.9
30.4	23.9	23.2	22.5	21.5	20.6	19.8	19.1	18.4	17.8	17.2	16.8	15.8	15.1
30.6	24.3	23.6	22.8	21.9	20.9	20.2	19.4	18.7	18.0	17.5	17.0	16.0	15.2
30.8	24.6	23.9	23.1	22.1	21.2	20.4	19.7	18.9	18.2	17.7	17.2	16.2	15.4
31.0	24.9	24.2	23.4	22.4	21.4	20.7	19.9	19.2	18.4	17.9	17.4	16.4	15.5
31.2	25.2	24.4	23.7	22.7	21.7	20.9	20.2	19.4	18.6	18.1	17.6	16.6	15.7
31.4	25.6	24.8	24.1	23.0	22.0	21.2	20.5	19.7	18.9	18.4	17.8	16.9	15.8
31.6	25.9	25.1	24.3	23.3	22.3	21.5	20.7	19.9	19.2	18.6	18.0	17.1	16.0
31.8	26.2	25.4	24.6	23.6	22.5	21.7	21.0	20.2	19.4	18.9	18.2	17.3	16.2
32.0	26.5	25.7	24.9	23.9	22.8	22.0	21.2	20.4	19.6	19.1	18.4	17.5	16.4
32.2	26.9	26.1	25.3	24.2	23.1	22.3	21.5	20.7	19.9	19.4	18.6	17.7	16.6
32.4	27.2	26.4	25.6	24.5	23.4	22.6	21.8	20.9	20.1	19.6	18.8	17.9	16.8
32.6	27.6	26.8	25.9	24.8	23.7	22.9	22.1	20.4	21.3	20.4	19.9	18.1	17.0
32.8	27.9	27.1	26.2	25.1	24.0	23.2	22.3	21.5	20.6	20.1	19.2	18.3	17.2
33.0	28.2	27.4	26.5	25.4	24.3	23.4	22.6	21.7	20.9	20.3	19.4	18.5	17.4
33.2	28.6	27.7	26.8	25.7	24.6	23.7	22.9	22.0	21.2	20.5	19.6	18.7	17.6
33.4	28.9	28.0	27.1	26.0	24.9	24.0	23.1	22.3	21.4	20.7	19.8	18.9	17.8
33.6	29.3	28.4	27.4	26.4	25.2	24.2	23.3	22.6	21.7	20.9	20.0	19.1	18.0
33.8	29.6	28.7	27.7	26.6	25.4	24.4	23.5	22.8	21.9	21.1	20.2	19.3	18.2
34.0	30.0	29.1	28.0	26.8	25.6	24.6	23.7	23.0	22.1	21.3	20.4	19.5	18.3

续表

平均回弹值 R_m	测区混凝土强度换算值 $f^{c}_{cu,i}$/MPa												
	平均碳化深度值/(dm/mm)												
	0	0.5	1.0	1.5	2.0	2.5	3.0	3.5	4.0	4.5	5.0	5.5	≥6
34.2	30.3	29.4	28.3	27.0	25.8	24.8	23.9	23.2	22.3	21.5	20.6	19.7	18.4
34.4	30.7	29.8	28.6	27.2	26.0	25.0	24.1	23.4	22.5	21.7	20.8	19.8	18.6
34.6	31.1	30.2	28.9	27.4	26.2	25.2	24.3	23.6	22.7	21.9	21.0	20.0	18.8
34.8	31.4	30.5	29.2	27.6	26.4	25.4	24.5	23.8	22.9	22.1	21.2	20.2	19.0
35.0	31.8	30.8	29.6	28.0	26.7	25.8	24.8	24.0	23.2	22.3	21.4	20.4	19.2
35.2	32.1	31.1	29.9	28.2	27.0	26.0	25.0	24.2	23.4	22.5	21.6	20.6	19.4
35.4	32.5	31.5	30.2	28.6	27.3	26.3	25.4	24.4	23.7	22.8	21.8	20.8	19.6
35.6	32.9	30.9	30.6	29.0	27.6	26.6	25.7	24.7	24.0	23.0	22.0	21.0	19.8
35.8	33.3	32.3	31.0	29.3	28.0	27.0	26.0	25.0	24.3	23.3	22.2	21.2	20.0
36.0	33.6	32.6	31.2	29.6	28.2	27.2	26.2	25.2	24.5	23.5	22.4	21.4	20.2
36.2	34.0	33.0	31.6	29.9	28.6	27.5	26.5	25.5	24.8	23.8	22.6	21.6	20.4
36.4	34.4	33.4	32.0	30.3	28.9	27.9	26.8	25.8	25.1	24.1	22.8	21.8	20.6
36.6	34.8	33.8	32.4	30.6	29.2	28.2	27.1	26.1	25.4	24.4	23.0	22.0	20.9
36.8	35.2	34.1	32.7	31.0	29.6	28.5	27.5	26.4	25.7	24.6	23.2	22.2	21.1
37.0	35.5	34.4	33.0	31.2	29.8	28.8	27.7	26.6	25.9	24.8	23.4	22.4	21.3
37.2	35.9	34.8	33.4	31.6	30.2	29.1	28.0	26.9	26.2	25.1	23.7	22.6	21.5
37.4	36.3	35.2	33.8	31.9	30.5	29.4	28.3	27.2	26.5	25.4	24.0	22.9	21.8
37.6	36.7	35.6	34.1	32.3	30.8	29.7	28.6	27.5	26.8	25.7	24.2	23.1	22.0
37.8	37.1	36.0	34.5	32.6	31.2	30.0	28.9	27.8	27.1	26.0	24.5	23.4	22.3
38.0	37.5	36.4	34.9	33.0	31.5	30.3	29.2	28.1	27.4	26.2	24.8	23.6	22.5
38.2	37.9	36.8	35.2	33.4	31.8	30.6	29.5	28.4	27.7	26.5	25.0	23.9	22.7
38.4	38.3	37.2	35.6	33.7	32.1	30.9	29.8	28.7	28.0	26.8	25.3	24.1	23.0
38.6	38.7	37.5	36.0	34.1	32.4	31.2	30.1	29.0	28.3	27.0	25.5	24.4	23.2
38.8	39.1	37.9	36.4	34.4	32.7	31.5	30.4	29.3	28.5	27.2	25.8	24.6	23.5
39.0	39.5	38.2	36.7	34.7	33.0	31.8	30.6	29.6	28.8	27.4	26.0	24.8	23.7
39.2	39.9	38.5	37.0	35.0	33.3	32.1	30.8	29.8	29.0	27.6	26.2	25.0	24.0
39.4	40.3	38.8	37.3	35.3	33.6	32.4	31.0	30.0	29.2	27.8	26.4	25.2	24.2
39.6	40.7	39.1	37.6	35.6	33.9	32.7	31.2	30.2	29.2	28.8	26.6	25.4	24.4
39.8	41.2	39.6	38.0	35.9	34.2	33.0	31.4	30.5	29.7	28.2	26.8	25.6	24.7

续表

平均回弹值 R_m	测区混凝土强度换算值 $f^c_{cu,i}$/MPa												
	平均碳化深度值/(dm/mm)												
	0	0.5	1.0	1.5	2.0	2.5	3.0	3.5	4.0	4.5	5.0	5.5	≥6
40.0	41.6	39.9	38.3	36.2	34.5	33.3	31.7	30.8	30.0	28.4	27.0	25.8	25.0
40.2	42.0	40.3	38.6	36.5	34.8	33.6	32.0	31.1	30.2	28.6	27.3	26.0	25.2
40.4	42.4	40.7	39.0	36.9	35.1	33.9	32.3	31.4	30.5	28.8	27.6	26.2	25.4
40.6	42.8	41.1	39.4	37.2	35.4	34.2	32.6	31.7	30.8	29.1	27.8	26.5	25.7
40.8	43.3	41.6	39.8	37.7	32.7	34.5	32.9	32.0	31.2	29.4	28.1	26.8	26.0
41.0	43.7	42.0	40.2	38.0	36.0	34.8	33.2	32.3	31.5	29.7	28.4	27.1	26.2
41.2	44.1	42.3	40.6	38.4	36.3	35.1	33.5	32.6	31.8	30.0	28.7	27.3	26.5
41.4	44.5	42.7	40.9	38.7	36.6	35.4	33.8	32.9	32.0	30.3	28.9	276	26.7
41.6	45.0	43.2	41.4	39.2	36.9	35.7	34.2	33.3	32.4	30.6	29.2	27.9	27.2
41.8	45.4	43.6	41.4	39.5	37.2	36.0	34.5	33.6	32.7	30.9	29.5	28.1	27.2
42.0	45.9	44.1	42.2	39.9	37.6	36.3	34.9	34.0	33.0	31.2	29.8	28.5	27.5
42.2	46.3	44.4	42.6	40.3	38.0	36.6	35.2	34.3	33.3	31.5	30.1	28.7	27.8
42.4	46.7	44.8	43.0	40.6	38.3	36.9	35.5	34.6	33.6	31.8	30.4	29.0	28.0
42.6	47.2	45.3	43.4	41.1	38.7	37.3	35.9	34.9	34.0	32.1	30.7	29.3	28.3
42.8	47.6	45.7	43.8	41.4	39.0	37.6	36.2	35.2	34.3	32.4	30.9	29.5	28.6
43.0	48.1	46.2	44.2	41.8	39.4	28.0	36.6	35.6	34.6	32.7	31.3	29.8	28.9
43.2	48.5	46.6	44.6	42.2	39.8	38.3	36.9	35.9	34.9	33.0	31.5	30.1	29.1
43.4	49.0	47.0	45.1	42.6	40.2	38.7	37.2	36.3	35.3	33.3	31.8	30.4	29.4
43.6	49.4	47.4	45.4	43.0	40.5	39.0	37.5	36.6	35.6	33.6	32.1	30.6	29.6
43.8	49.9	47.9	45.9	43.4	40.9	39.4	37.9	36.9	35.9	33.9	32.4	30.9	29.9
44.0	50.4	48.4	46.4	43.8	41.3	39.8	38.3	37.3	36.3	34.3	32.8	31.2	30.2
44.2	50.8	48.8	46.7	44.2	41.7	40.1	38.6	37.6	36.6	34.5	33.0	31.5	30.5
44.4	51.3	49.2	47.2	44.6	42.1	40.5	39.0	38.0	36.9	34.9	33.3	31.8	30.8
44.6	51.7	49.6	47.6	45.0	42.4	40.8	39.3	38.3	37.2	35.2	33.6	32.1	31.0
44.8	52.2	50.1	48.0	45.4	42.8	41.2	39.7	38.6	37.6	35.5	33.9	32.4	31.3
45.0	52.7	50.6	58.5	45.8	43.2	41.6	40.1	39.0	37.9	35.8	34.4	32.7	31.6
45.2	53.2	51.1	48.9	46.3	43.6	42.0	40.4	39.4	38.3	36.2	34.6	33.0	31.9
45.4	53.6	51.5	49.4	46.6	44.0	42.3	40.7	39.7	38.6	36.4	34.8	33.2	32.2
45.6	54.1	51.9	49.8	47.1	44.4	42.7	41.1	40.0	39.0	36.8	35.2	33.5	32.5

续表

平均回弹值 R_m	测区混凝土强度换算值 $f^c_{cu,i}$/MPa												
	平均碳化深度值/(dm/mm)												
	0	0.5	1.0	1.5	2.0	2.5	3.0	3.5	4.0	4.5	5.0	5.5	≥6
45.8	54.6	52.4	50.2	47.5	44.8	43.1	41.5	40.4	39.3	37.1	35.5	33.9	32.8
46.0	55.0	52.8	50.6	47.9	45.2	43.5	41.9	40.8	39.7	37.5	35.8	34.2	33.1
46.2	55.5	53.3	51.1	48.3	45.5	43.8	42.2	41.1	40.0	37.7	36.1	34.4	33.3
46.4	56.0	53.8	51.5	48.7	45.9	44.2	42.6	41.4	40.3	38.1	36.4	34.7	33.6
46.6	56.5	54.2	52.0	49.2	46.3	44.6	42.9	41.8	40.7	38.4	36.7	35.0	33.9
46.8	57.0	54.5	52.4	49.6	46.7	45.0	43.3	42.2	41.0	38.8	37.0	35.3	34.2
47.0	57.5	55.2	52.9	50.0	47.2	45.2	43.7	42.6	41.4	39.1	37.4	35.6	34.5
47.2	58.0	55.7	53.4	50.5	47.6	45.8	44.1	42.9	41.8	39.4	37.7	36.0	34.8
47.4	58.5	56.2	53.8	50.9	48.0	46.2	44.5	43.3	42.1	39.8	38.0	36.3	35.1
47.6	59.0	56.6	54.3	51.3	48.4	46.6	44.8	43.7	42.5	40.1	38.4	36.6	35.4
47.8	59.5	57.1	54.7	51.8	48.8	47.0	45.2	44.0	42.8	40.5	38.7	36.9	35.7
48.0	60.0	57.6	55.2	52.2	49.2	47.4	45.6	44.4	43.2	40.8	39.0	37.2	36.0
48.2		58.0	55.7	52.6	49.6	47.8	46.0	44.8	43.6	41.1	39.3	37.5	36.3
48.4		58.6	56.1	53.1	50.0	48.2	46.4	45.1	43.9	41.5	39.6	37.8	36.6
48.6		59.0	56.6	53.5	50.4	48.6	46.7	45.5	44.3	41.8	40.0	38.1	36.9
48.8		59.5	57.1	54.0	50.9	49.0	47.1	45.9	44.6	42.2	40.3	38.4	37.2
49.0		60.0	57.5	54.4	51.3	49.4	47.5	46.2	45.0	42.5	40.6	38.8	37.5
49.2			58.0	54.8	51.7	49.8	47.9	46.6	45.4	42.8	41.0	39.1	37.8
49.4			58.5	55.3	52.1	50.2	48.3	47.1	45.8	43.2	41.3	39.4	38.2
49.6			58.9	55.7	52.5	50.6	48.7	47.4	46.2	43.6	41.7	39.7	38.5
49.8			59.4	56.2	53.3	51.0	49.1	47.8	46.5	43.9	42.0	40.1	38.8
50.0			59.9	56.7	53.4	51.4	49.5	48.2	46.9	44.3	42.3	40.4	39.1
50.2				57.1	53.8	51.9	49.9	48.5	47.2	44.6	42.6	40.7	39.4
50.4				57.6	54.3	52.3	50.3	49.0	47.7	45.0	43.0	41.0	39.7
50.6				58.0	54.7	52.7	50.7	49.4	48.0	45.4	43.4	41.4	40.0
50.8				58.5	55.1	53.1	51.1	49.8	48.4	45.7	43.7	41.7	40.3
51.0				59.0	55.6	53.5	51.5	50.1	48.8	46.1	44.1	42.0	40.7
51.2				59.4	56.0	54.0	51.9	50.5	49.2	46.4	44.4	42.3	41.0
51.4				59.9	56.4	54.4	52.3	50.9	49.6	46.8	44.7	42.7	41.3

续表

平均回弹值 R_m	测区混凝土强度换算值 $f^c_{cu,i}$/MPa												
	平均碳化深度值/(dm/mm)												
	0	0.5	1.0	1.5	2.0	2.5	3.0	3.5	4.0	4.5	5.0	5.5	≥6
51.6					56.9	54.8	52.7	51.3	50.0	47.2	45.1	43.0	41.6
51.8					57.3	55.2	53.1	51.7	50.3	47.5	45.4	43.3	41.8
52.0					57.8	55.7	53.6	52.1	50.7	47.9	45.8	43.7	42.3
52.2					58.2	56.1	54.0	52.5	51.1	48.3	46.2	44.0	42.6
52.4					58.7	56.5	54.4	53.0	51.5	48.7	46.5	44.4	43.0
52.6					59.1	57.0	54.8	53.4	51.9	49.0	46.9	44.7	43.3
52.8					59.6	57.4	55.2	53.8	52.3	49.4	47.3	45.1	43.6
53.0					60.0	57.8	55.6	54.2	52.7	49.8	47.6	45.4	43.9
53.2						58.3	56.1	54.6	53.1	50.2	48.0	45.8	44.3
53.4						58.7	56.5	55.0	53.5	50.5	48.3	46.1	44.6
53.6						59.2	56.9	55.4	53.9	50.9	48.7	46.4	44.9
53.8						59.6	57.3	55.8	54.3	51.3	49.0	46.8	45.3
54.0							57.8	56.3	54.7	51.7	49.4	47.	48.6
54.2							58.2	56.7	55.1	52.1	49.8	47.5	46.0
54.4							58.6	57.1	55.6	52.5	50.2	47.9	46.3
54.6							59.1	57.5	56.0	52.9	50.5	48.2	46.6
54.8							59.5	57.9	56.4	53.2	50.9	58.5	47.0
55.0							59.9	58.4	56.8	53.6	51.3	48.9	47.3
55.2								58.8	57.2	54.0	51.6	49.3	47.7
55.4								59.2	57.6	54.4	52.0	49.6	48.0
55.6								59.7	58.0	54.8	52.4	50.0	48.4
55.8									58.5	55.2	52.8	50.3	48.7
56.0									58.9	55.6	53.2	50.7	49.1
56.2									59.3	56.0	53.5	51.1	49.4
56.4									59.7	56.4	53.9	51.4	49.8
56.6										56.8	54.3	51.8	50.1
56.8										57.2	54.7	52.2	50.5
57.0										57.6	55.1	52.5	50.8
57.2										58.0	55.5	52.9	51.2

续表

平均回弹值 R_m	测区混凝土强度换算值 $f^c_{cu,i}$/MPa												
	平均碳化深度值/(dm/mm)												
	0	0.5	1.0	1.5	2.0	2.5	3.0	3.5	4.0	4.5	5.0	5.5	≥6
57.4										58.4	55.9	53.3	51.6
57.6										58.9	56.3	53.7	51.9
57.8										59.3	56.7	54.0	52.3
58.0										59.7	57.0	54.4	52.7
58.2											57.4	54.8	53.0
58.4											57.8	55.2	53.4
58.6											58.2	55.6	53.8
58.8											58.6	55.9	54.1
59.0											59.0	56.3	54.5
59.2											59.4	56.7	54.9
59.4											59.8	57.1	55.2
59.9												57.5	55.6
59.8												57.9	56.0
60.0												58.3	56.4

表 D　泵送混凝土测区混凝土强度换算值的修正值

碳化深度值/mm	抗压强度/MPa				
0.1;0.5;1.0	f^c_{cu}(MPa)	≤40.0	45.0	50.0	55.0～60.0
	K(MPa)	+4.5	+3.0	+1.5	0.0
1.5;2.0	f^c_{cu}(MPa)	≤30.0	35.0	40.0～60.0	
	K(MPa)	+3.0	+1.5	0.0	

注:表中未列入的 $f^c_{cu,i}$ 值可用内插法求得其修正值,精确至 0.1MPa。

附录D 砂浆抗压强度换算表

表E 砂浆抗压强度换算表

贯入深度 d_i/mm	砂浆抗压强度换算值 $f^c_{i,j}$/MPa		贯入深度 d_i/mm	砂浆抗压强度换算值 $f^c_{i,j}$/MPa	
	水泥混合砂浆	水泥砂浆		水泥混合砂浆	水泥砂浆
2.90	15.6	—	6.60	2.6	3.0
3.00	14.5	—	6.70	2.5	2.9
3.10	13.5	15.5	6.80	2.4	2.8
3.20	12.6	14.5	6.90	2.4	2.7
3.30	11.8	13.5	7.00	2.3	2.6
3.40	11.1	12.7	7.10	2.2	2.6
3.50	10.4	11.9	7.20	2.2	2.5
3.60	9.8	11.2	7.30	2.1	2.4
6.70	9.2	10.5	7.40	2.0	2.3
3.80	8.7	10.0	7.50	2.0	2.3
3.90	8.2	9.4	7.60	1.9	2.2
4.00	7.8	8.9	7.70	1.9	2.1
4.10	7.3	8.4	7.80	1.8	2.1
4.20	7.0	8.0	7.90	1.8	2.1
4.30	6.6	7.6	8.00	1.7	1.9
4.40	6.3	7.2	8.10	1.7	1.9
4.50	6.0	6.9	8.20	1.6	1.9
4.60	5.7	6.6	8.30	1.6	1.8
4.70	5.5	6.3	8.40	1.5	1.8
4.80	5.2	6.0	8.50	1.5	1.7
4.90	5.0	5.7	8.60	1.5	1.7
5.00	4.8	5.5	8.70	1.4	1.6
5.10	4.6	5.3	8.80	1.4	1.6
5.20	4.4	5.0	8.90	1.4	1.6
5.30	4.2	4.6	9.00	1.3	1.5
5.40	4.0	4.6	9.10	1.3	1.5
5.50	3.9	4.5	9.20	1.3	1.5

续表

贯入深度 d_i/mm	砂浆抗压强度换算值 $f^c_{i,j}$/MPa		贯入深度 d_i/mm	砂浆抗压强度换算值 $f^c_{i,j}$/MPa	
	水泥混合砂浆	水泥砂浆		水泥混合砂浆	水泥砂浆
5.60	3.7	4.3	9.30	1.2	1.4
5.70	3.6	4.1	9.40	1.2	1.4
5.80	3.4	4.0	9.50	1.2	1.4
5.90	3.3	3.8	9.60	1.2	1.3
6.00	3.2	3.7	9.70	1.1	1.3
6.10	3.1	3.6	9.80	1.1	1.3
6.20	3.0	3.4	9.90	1.1	1.2
6.30	2.9	3.3	10.00	1.1	1.2
6.40	2.8	3.2	10.10	1.0	1.2
6.50	2.7	3.1	10.20	1.0	1.1
10.30	1.0	1.1	14.20	0.5	0.6
10.40	1.0	1.1	14.30	0.5	0.6
10.50	1.0	1.1	14.40	0.5	0.6
10.60	0.9	1.1	14.50	0.5	0.5
10.70	0.9	1.0	14.50	0.5	0.5
10.80	0.9	1.0	14.60	0.5	0.5
10.90	0.9	1.0	14.70	0.5	0.5
11.00	0.9	1.0	14.80	0.5	0.5
11.10	0.8	1.0	14.90	0.4	0.5
11.20	0.8	0.9	15.00	0.4	0.5
11.30	0.8	0.9	15.10	0.4	0.5
11.40	0.8	0.9	15.20	0.4	0.5
11.50	0.8	0.9	15.30	0.4	0.5
11.60	0.8	0.9	15.40	0.4	0.5
11.70	0.8	0.9	15.50	0.4	0.5
11.80	0.7	0.8	15.60	0.4	0.5
11.90	0.7	0.8	15.70	0.4	0.5
12.00	0.7	0.8	15.80	0.4	0.5
12.10	0.7	0.8	15.90	0.4	0.4

续表

贯入深度 d_i/mm	砂浆抗压强度换算值 $f^c_{i,j}$/MPa		贯入深度 d_i/mm	砂浆抗压强度换算值 $f^c_{i,j}$/MPa	
	水泥混合砂浆	水泥砂浆		水泥混合砂浆	水泥砂浆
12.20	0.7	0.8	16.00	0.4	0.4
12.30	0.7	0.8	16.10	0.4	0.4
12.40	0.7	0.8	16.20	0.4	0.4
12.50	0.7	0.8	16.30	0.4	0.4
12.60	0.6	0.7	16.40	0.4	0.4
12.70	0.6	0.7	16.50	0.4	0.4
12.80	0.6	0.7	16.60	0.4	0.4
12.90	0.6	0.7	16.70	—	0.4
13.00	0.6	0.7	16.80	—	0.4
13.10	0.6	0.7	16.90	—	0.4
13.20	0.6	0.7	17.00	—	0.4
13.30	0.6	0.7	17.10	—	0.4
13.40	0.6	0.6	17.20	—	0.4
13.50	0.6	0.6	17.30	—	0.4
13.60	0.5	0.6	17.40	—	0.4
13.70	0.5	0.6	17.50	—	0.4
13.80	0.5	0.6	17.60	—	0.4
13.90	0.5	0.6	17.70	—	0.4
14.00	0.5	0.6	—	—	—
14.10	0.5	0.6			

注：1. 表内数据在应用时不得外推；2. 表中未列数据，可用内插法求得，精确至 0.1MPa。